广东省"十四五"职业教育规划教材

职业教育数字媒体技术应用专业系列教材

UI设计项目教程

主　编　范云龙　张丹清

副主编　王　婷　胡晓巍　张　林

参　编　何林灵　吴丽艳　刘培培

　　　　龚　薇　陈嘉明

机 械 工 业 出 版 社

本书是首批"十四五"广东省职业教育规划教材。

本书通过7个学习单元由浅入深地讲解了UI设计的相关知识，并通过真实的案例将设计的方法及规范贯穿其中。书中既有UI设计师的工作情景描述，又有软件操作知识的详细讲解。具体内容包括岗前培训、UI图标设计、网页设计、移动应用界面设计、计算机软件界面设计、游戏UI设计、动效设计。

书中内容以真实项目为主线，项目中的具体任务按照"任务分析——任务实施——必备知识——任务拓展"的思路进行编排。学生通过各个项目的学习能够深入了解UI设计制作的实际过程和标准规范，既能学习到软件操作的相关知识，又能提升岗位所需的与客户沟通的能力及团队合作能力等职业素养。

本书可以作为中等职业学校数字媒体技术应用开发专业课程教材，也可供初学者作为自学参考书使用。

本书配有电子课件、素材、效果文件等资源，选用本书作为教材的教师可以从机械工业出版社教育服务网（www.cmpedu.com）免费注册下载或联系编辑（010-88379543）获取。

图书在版编目（CIP）数据

UI设计项目教程/范云龙，张丹清主编. —北京：机械工业出版社，2022.9（2024.6重印）
职业教育数字媒体技术应用专业系列教材

ISBN 978-7-111-71187-2

Ⅰ．①U… Ⅱ．①范… ②张… Ⅲ．①人机界面—程序设计—中等专业学校—教材
Ⅳ．①TP311.1

中国版本图书馆CIP数据核字（2022）第122498号

机械工业出版社（北京市百万庄大街22号　邮政编码100037）
策划编辑：梁　伟　　　　　　责任编辑：梁　伟　徐梦然
责任校对：史静怡　张　薇　　封面设计：鞠　杨
责任印制：刘　媛

涿州市般润文化传播有限公司印刷

2024年6月第1版第3次印刷
210mm×297mm·11印张·235千字
标准书号：ISBN 978-7-111-71187-2
定价：48.00元

电话服务　　　　　　　　　网络服务
客服电话：010-88361066　　机　工　官　网：www.cmpbook.com
　　　　　010-88379833　　机　工　官　博：weibo.com/cmp1952
　　　　　010-68326294　　金　书　网：www.golden-book.com
封底无防伪标均为盗版　机工教育服务网：www.cmpedu.com

前言 / preface

UI即User Interface（用户界面）的简称，从字面来看，仅有用户与界面两个组成部分，但实际上还包括用户与界面之间的交互关系。因此，UI设计分为3个方向：用户研究、交互设计、界面设计。好的UI设计不只是让软件变得有个性有品位，更重要的是让软件的操作变得舒适、简单、易用，并且充分体现软件的定位和特点。UI设计行业在全球软件业兴起，国内众多大型IT企业均已成立专业的UI设计部门，但专业人才稀缺，人才资源争夺激烈。目前，我国很多中职院校的数字媒体技术应用相关专业都将UI设计作为一门重要的专业课程。为了使学生能够胜任UI设计相关岗位工作，我们联合长期从事UI设计教学的一线教师和专业UI设计师共同参与本书的编写。

本书旨在使学生了解UI设计行业的发展趋势和前沿技术，以及UI设计相关岗位职能；体验UI设计的基本操作流程，通过具体的UI设计项目再现视觉设计师的真实工作情景，使学生了解UI设计的实际过程和具体设计步骤，掌握与客户沟通的技巧，达到能够自主完成中小型UI设计项目的目的；通过小组合作项目，培养学生合作意识和合作能力。真实的UI设计项目贯穿本书的每一章，项目中的具体任务按照"任务分析——任务实施——必备知识——任务拓展"的思路进行编排。本书选取兼顾真实工作情景及中职学生的学习特点的项目，项目描述力求简洁全面，具体操作步骤描述做到言简意赅、重点突出。

本书配套资源包含了所有项目的素材及效果文件。为了方便教师教学及学生自学，本书配有所有项目的操作视频。本书的全部学习单元和项目名称见下表：

学 习 单 元	项 目 名 称
学习单元1　岗前培训	项目1　入职体验 项目2　UI设计草图绘制
学习单元2　UI图标设计	项目1　扁平化图标设计 项目2　拟物化图标设计
学习单元3　网页设计	项目1　Banner设计 项目2　电商平台首页设计
学习单元4　移动应用界面设计	项目1　Android系统手机界面设计 项目2　iOS系统手机APP界面设计
学习单元5　计算机软件界面设计	项目1　音乐播放器界面设计 项目2　企业后台管理系统界面设计
学习单元6　游戏UI设计	项目1　游戏元素设计 项目2　侦探游戏界面设计
学习单元7　动效设计	项目1　界面背景动效设计 项目2　Banner动效设计 项目3　H5页面动效设计

本书在编写过程中参考了相关专业书籍中的图片和文字片段，部分图片由互联网下载并修改后使用，全部引用部分只作教学使用，在此对这些作者表示深深的感谢。珠海汉策教育科技有限公司在本书的编写过程中提供了大量真实的设计项目，在此深表感谢。

本书由珠海市理工职业技术学校范云龙，珠海市第一中等职业学校张丹清任主编；珠海市第一中等职业学校王婷、胡晓巍，珠海市理工职业技术学校张林任副主编；珠海市理工职业技术学校何林灵、刘培培、陈嘉明，珠海市第一中等职业学校吴丽艳、龚薇参与编写。

本书在编写过程中力求准确完整，但仍难免存在疏漏，敬请广大读者批评指正。

编　者

PREFACE 目录

学习单元1
岗前培训

➡ 单元概述

　　UI设计是对软件的人机交互、操作逻辑、界面美观的整体设计，它包含了交互设计和视觉设计2个方面。本学习单元的项目1入职体验能够使学生对UI设计的工作内容形成整体的概念，再通过项目2 UI设计草图绘制让学生学习自由手绘，提高学生的设计能力，并初步掌握UI设计师在进行设计时所必备的知识，打好基础。

➡ 学习目标

1. 了解UI设计的概念、UI设计师的工作流程、相关岗位及行业前景
2. 说出设计前期准备包含的内容
3. 能够根据设计要求绘制设计草图

项目1
入职体验

 项目描述

　　E-Design设计公司的UI设计组迎来了5名暑期实习生，他们的主要工作为辅助设计组设计师完成具体项目任务。入职第一天，公司培训部负责人丽丽负责对5名实习生进行为期半天的职前培训。为了使大家快速地了解部门的工作，丽丽在培训前搜集了大家最想知道的问题，本次培训以问题解答及实地参观的形式进行。

UI究竟是什么？

丽丽

　　UI是User Interface（用户界面）的简称，是指对软件的人机交互、操作逻辑、界面美观的整体设计，也叫界面设计。好的UI设计不仅能让软件变得有个性、有品位，还能让软件的操作变得舒适、简单、自由，充分体现软件的定位和特点。

　　如果把UI设计比作是你的朋友去游乐场：

　　UI启动图标→游乐场的大门

　　GUI界面→游乐场的场地

　　独立页面P→游乐场中各个游乐场所

　　图标C→游乐场中的各个游乐设施

　　用户体验E→大家从由游乐场的入口进入，到从出口离开这段时间的感受

　　随着物联网和新媒体的发展，人们的生活方式逐渐改变，日常生活经常要和屏幕打交道，UI设计师这个行业也越来越受到重视。

公司UI设计部业务范围是什么？

丽丽

　　生活中我们使用的手机、计算机、自动取票机、车载导航、智能电视等有操作界面的人机交互系统，其视觉设计都属于UI设计的范畴，以上项目部门都有涉及。

丽丽

　　承接产品设计和程序设计两个方面，产品做出原型后交给UI设计师，根据产品特性、用户习惯、受众心理来决定设计风格和颜色搭配，来美化界面和交互动效。在完成后，还要配合程序员的工作需求进行切图、适配和标注。

UI设计需要哪些专业知识？

丽丽

　　好的审美非常重要，在生活中要处处留意时尚杂志、广告海报，多看一些优秀的设计作品。

　　UI设计要考虑用户需求，多了解一些心理学知识；造型能力也非常重要，要多看、多练、多临摹，吸取别人的优点。还要掌握一些常用软件，如图1-1所示。

　　Photoshop（图1-1a）：最主流的设计软件，图片处理和调色功能强大，无论设计图标还是界面都是最佳选择，但排版功能较弱。

　　Illustrator（图1-1b）：矢量图形设计软件，绘制Logo、海报、图标和界面，功能强大，但其图片处理和滤镜效果较弱。

　　After Effects（图1-1c）：视频特效和交互动效工具，功能强大，但无法完成界面、图标和图形等的设计。

　　Sketch（图1-1d）：矢量绘图应用软件，方便快捷，没有烦琐的功能，但对于拟物风格的设计相对较弱。

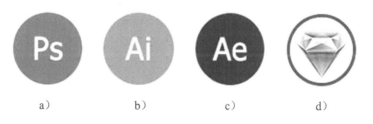

a)　　　　　　　b)　　　　　　　c)　　　　　　　d)

图1-1　常用软件图标

a）Photoshop　b）Illustrator　c）After Effects　d）Sketch

UI设计师的工作流程是什么？

丽丽

　　UI设计行业工作流程及分工：

　　产品经理（PM）——交互设计师（IXD）——视觉设计师（GUI）——用户研究工程师（UE）——程序员（RD）——运营（OP）

　　产品经理（PM）：进行产品规划，与交互设计师、视觉设计师、用户研究工程师、程序员等沟通并推进，跟踪产品开发到上线，上线后再根据运营人员收集的

丽丽

用户反馈信息，进行下一个版本的开发、迭代。

交互设计师（IXD）：对产品进行行为设计和界面设计。行为设计是指各种用户操作后的效果设计。界面设计包括页面布局、内容展示等的设计。

视觉设计师（GUI）：基于对产品设计需求的良好理解能力，完成视觉设计工作。

用户研究工程师（UE）：通过问卷调查、用户反馈等手段收集大量的反馈数据，不断完善产品，给予用户更好的体验。

程序员（RD）：设计作品，以代码的形式写入设备，载体以视觉的形式展现出来。

运营（OP）：任何APP或者作品，都是需要通过运营来推广的，为了让更多的用户使用从而赢利。

UI设计部都有哪些岗位？

丽丽

移动应用UI设计师：手机引用图标、界面设计。

游戏UI设计师：手机游戏图标与界面、网页游戏图标与界面设计。

网页UI设计师：网页设计，电商页面设计。

主题UI设计师：手机主题设计，手机图标设计。

与之相应的有设计师助理岗位，而负责所有部门项目及资源调度的是UI设计部项目总监。

UI设计的前景如何？

丽丽

第一，市场的需求。目前移动端互联网的发展趋势已经无法阻挡，人们的生活已经离不开手机，例如，去超市购物时使用微信或者支付宝支付；去一个新的城市旅行时使用高德地图导航等。

第二，人才资源的稀缺。"互联网+"时代，为了加强在市场的竞争力，企业对高水平UI设计师的需求是越来越迫切的。

第三，互联网的快速发展。互联网发展的脚步是非常快的，UI设计师会根据互联网的发展去逐步改进其发展方向。

讨论过后，丽丽带领实习生们参观了UI设计部工作室，并介绍了工作室的所有工作人员和大家认识。随后，丽丽和UI设计部项目总监进行工作交接，实习生们的实习生活就正式开启了。

项目2

UI设计草图绘制

 项目描述

　　E-Design设计公司近期承接"怪物总动员"系列手机图标的设计项目。此项目是以电影《怪物总动员》中的人物为设计依据，设计面向青年人的一款手机图标应用。需要设计的图标属于应用程序类图标，风格要求有创意，凸显一定的新意。单击图标后会进入程序的欢迎页面。经过例会讨论，项目总监将任务分配给β小组，由小雪负责，助理设计师小满辅助小雪完成该项目。

　　在了解该项目的需求后，β小组根据项目要求如类型、尺寸、风格等，提炼出关键词及特征，接下来完成草图与矢量图的绘制，最后调整细节与整体平衡。

任务 1 绘制前期准备

任务分析

　　β小组设计师小雪接到任务后明确完成任务的流程，首先由小雪明确项目具体需求，随后分析《怪物总动员》中人物特点，之后根据搜集到的资料绘制设计草图，最后在公司例会上以投票的方式确定设计方案。设计方案确定后，助理设计师小满负责方案的成型及细节调整。

任务实施

　　1. 核对分析项目需求

　　查看文案文档需求，确定主题颜色、尺寸及开发标准等，重点从客户需求、产品需求和风格需求3个方面进行项目需求分析。

　　2. 收集资料，分析电影人物设计

　　1）查找电影人物素材，分析人物性格特征。

　　2）确定图标风格、按钮形态、元素大小。

　　3. 手绘工具准备

　　1）铅笔：绘图铅笔的种类很多，一般根据铅芯的软硬不同而分类，B表示较软而浓，H表示轻淡而硬，HB表示软硬适中。2B及以上的较软绘图铅笔经常用于绘制徒手方案草图，自动铅笔亦可。

　　2）签字笔（水性笔）：建议选择笔芯直径为0.7、0.5、0.3的签字笔各若干个，它是以后设计时常用的草图速写表现工具，可以购买专用笔芯以节约成本。

　　3）辅助绘图工具：橡皮、素描纸、圆规一只（最好是能夹铅笔的那种）、直尺、削笔刀、PdTools笔记本（ICON图标标准辅助线草稿笔记本），手绘工具准备如图1-2所示。

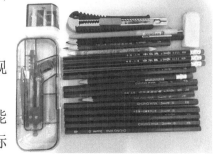

图1-2　手绘工具准备

任务 2 设计草图绘制

任务分析

《怪物总动员》电影原型分析：怪物公司是怪兽世界中最大的恐吓工厂，孩子们最害怕的怪兽是詹姆斯·P·萨利文，这只巨大的怪兽浑身长着蓝色的皮毛，身上有硕大的紫色斑点和触角，它的朋友们都称它为萨利。萨利的恐吓助理，也是它最好的朋友和室友——麦克·瓦扎斯基是一只淡绿色的独眼怪兽，它争强好胜，我行我素。怪物公司还有外表像个螃蟹状的工厂老总亨利·J·沃特路斯，长着蛇头、爱开玩笑骗人的接待员西莉亚和还有喜欢讽刺挖苦人的变色怪兽兰德尔·博格斯。兰德尔计划着要取代萨利成为怪物公司的头号恐吓者。

任务实施

以麦克·瓦扎斯基（一只淡绿色的独眼怪兽）为例，它的大眼睛形象适合用于短信的图标。下面为草图绘画过程。

1 画出主体物的大致轮廓，确定各部分比例，注意线条的角度，尽量一气呵成，不要断线，如图1-3所示。

2 将所画物体用最简单的几何形体概括出来，不用去找内部的细节，如图1-4所示。

3 用圆规画出内部椭圆，让弧线更加标准，如图1-5所示。

 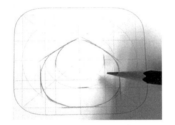 

图1-3　构思图标草图1　　　图1-4　构思图标草图2　　　图1-5　构思图标草图3

4 修整边缘，用橡皮擦去轮廓边界，把轮廓线拉长，确保它们符合"近大远小"的透视原理。

注意

只保证两边的透视线正确是不够的，中间的边也要和两边保持一致，左边、右边、下边都有透视现象，下面的边最容易被忘记，如图1-6所示。

5 画出头部其他细节，加重轮廓线，突出所画物体。将大的部分画出来之后，再将诸如耳朵、嘴巴之类的细节加上去，一定不要从琐碎、细节的地方去起形，要着眼于大局，如图1-7所示。

6 画出阴影，开始上颜色。从暗部的阴影开始（用2B铅笔铺色），阴影的边缘线要卡住，初步勾完线之后就可以开始上色了，做一些漂亮的光影效果上去，如图1-8所示。

7 从画面中阴影最重的部分开始，可以先画固有色，再画亮灰暗三种面。暗面又包括了明暗交界线和反光，先画暗面，找到明暗交界线，加重它，并且明暗交界线往上往下都需要有过渡色，下面反光的颜色要比明暗交界线稍微亮一点，以产生体积感，如图1-9所示。

⑧ 开始做暗面的颜色时，也要注意过渡，从明暗交界线开始由重到浅进行过渡，用HB铅笔铺底色之后，再用4H铅笔压重，如图1-10所示。

⑨ 物体开始产生投影的地方要加重颜色，加强它的真实性，用4H以上的铅笔，最后需要再调整一下轮廓线，要注意近实远虚，想方设法体现空间感，如图1-11所示。

图1-6 构思图标草图4   图1-7 构思图标草图5

图1-8 构思图标草图6 图1-9 构思图标草图7 图1-10 构思图标草图8 图1-11 构思图标草图9

⑩ 用0.2或0.4的勾线笔勾轮廓线，加重边缘，并擦除铅笔的痕迹，如图1-12至1-15所示。

图1-12 构思图标草图10 图1-13 构思图标草图11 图1-14 构思图标草图12 图1-15 构思图标草图13

⑪ 其他系列手绘方案如图1-16所示。

天气   音乐   电话   时间

相册   游戏   读书   地图

图1-16 构思图标草图14

计算器　　　　　　主题　　　　　　工具箱　　　　　　微信

图1-16　构思图标草图14（续）

必备知识

1. 草图绘画技法

1）在手绘表现图中，要根据对象的外形、材质等特征，有规律地排列线条，正确表达明暗，学会利用多种辅助工具画出理想形象。

2）做到心中有数再动手，先从视觉重心着手，详细刻画，注意物体的质感表现，光影表现。笔触变化方面，不要平涂，要由浅到深刻画，注意虚实变化。

3）起稿时分为徒手线和工具线。徒手线生动、用力微妙，可表现复杂、柔软的物体；工具线规则，宜于表现大块面积和平整、光滑的物体，在表现图形轮廓时可利用直尺、曲线尺、圆规等辅助工具。

2. 形体塑造常识

光是形体塑造的基础。学习光的主要目的是要把光运用到设计当中，使物体的表现更加完美。

（1）立体塑造　物体受光后被分为3个明暗区域：亮面、灰面、暗面，也就是生活中常说的"黑、白、灰"。亮面，指受光线照射较充分的一面；暗面，指背光的一面；灰面，指介于亮面与暗面之间的部分。把握住这三大面的明暗基本规律，就能比较准确地分析和表现物体的复杂形体变化和细节，使画面显现出立体感和空间感，如图1-17所示。

（2）细节层次　物体受光所反射出的光的数量，也就是面的深浅程度。物体结构的起伏变化具有一定的规律性，形成错综复杂的明暗层次，可称为"五大明暗层次"，即高光、亮面、灰面、明暗交界线、暗面，其中高光包括于亮面内，五大明暗层次不包括物体的投影，如图1-18所示。

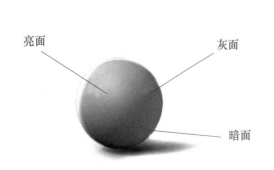

图1-17　立体塑造

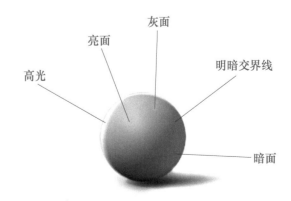

图1-18　细节层次

（3）光的类型

主光：又称"塑形光"，指用以显示景物、表现质感、塑造形象的主要照明光。

辅光：又称"补光"，用以提高由主光产生的阴影部分的亮度，揭示阴影部分的细节，减小影像反差。

修饰光：又称"装饰光"，指对被摄景物的局部添加的强化塑形光线，如发光、眼神光、工艺首饰的耀斑光等。

轮廓光：指勾画被摄体轮廓的光线，逆光、侧逆光通常都用作轮廓光。

背景光：灯光位于被摄者后方，朝背景照射的光线，用以突出主体或美化画面。

模拟光：又称"效果光"，用以模拟某种现场光线效果而添加的辅助光。

实战强化

公司近期承接手机游戏"王者荣耀"的应用界面设计项目。此项目是以"王者荣耀"中的人物为设计依据，设计面向游戏用户的一款手机应用图标。该图标属于应用程序类图标，风格要求扁平化，凸显一定的新意，单击图标后会进入程序的欢迎页面。

1. 请根据项目需求，收集同类型的手机应用图标并进行分析。

2. 绘制"王者荣耀"的手机界面扁平化图标手稿。

单元小结

UI设计师的职能大体包括三方面：一是图形设计，即软件产品的"外形"设计；二是交互设计，主要在于设计软件的操作流程、树状结构、操作规范等；三是用户测试/研究，目标在于测试交互设计的合理性，主要通过对目标用户发放问卷的形式衡量UI设计的合理性。如果没有这方面的测试研究，UI设计的好坏只能凭借设计师的经验来评判，这样就会给企业带来极大的风险。

学习单元2
UI图标设计

➡ 单元概述

    用户界面中，图标绝对是不可或缺的元素。图标是用来解释和阐明特定功能或者内容类别的视觉标记。在进行UI图标设计前必须先弄清楚三个问题：需要设计的图标主要适用于什么设备？客户需要什么风格的图标？有没有其他设计要求？本单元通过扁平化图标和拟物化图标的设计和制作流程的介绍，使读者能够熟悉图标设计的流程及设计规范，并对图标设计形成整体的概念。

➡ 学习目标

1. 能够说出图标设计制作的流程
2. 通过项目制作，学习图标设计制作的规范
3. 灵活使用Photoshop软件表现实物的质感、纹理及细节

项目1
扁平化图标设计

 项目描述

E-Design设计公司近期承接"酷我回声——潮流生活音乐"的音乐类APP的设计项目。"酷我回声——潮流生活音乐"是一款专注于音乐娱乐新体验的音乐类APP，此款APP最大的特点是"可以任意发弹幕、爆美图的音乐娱乐平台，在这里可以发现潮流音乐，记录听歌轨迹，结识音乐好友"。本项目中，音乐类APP的设计风格要求扁平化，内容大体分为音乐体验、听觉与弹幕、收藏专辑、社区与粉丝、音乐新姿势几个模块。经过公司讨论，项目总监将此APP的图标设计任务分配给β小组，由小雪负责，助理设计师小满辅助小雪完成该项目。

小雪首先定义了本次项目的要求，通过收集资料和小组讨论确定此项目风格，将所需要设计的图标归纳为实体图标和线性图标两类扁平化图标，如图2-1所示。

图2-1 扁平化图标

扁平化的核心概念是：去掉冗余的装饰效果，也就是去掉多余的透视、纹理、渐变等能实现3D效果的元素，让"信息"本身作为核心被凸显出来，并且在设计元素上强调抽象、极简、符号化。

在进行扁平化图标设计时，要注意以下设计要点：

1）表意清晰。

2）一致性强。

3）易于扩展。

4）图形清晰且有吸引力。

任务 1 实体图标设计

任务分析

β小组设计师小雪接到任务后，首先明确完成任务的流程。经过项目例会讨论，确定以长投影扁平图标为实体图标风格，在制作过程中小雪要求小组成员要严格执行设计规范，同时也要提醒小组成员在设计长投影的时候，切记注意光线元素的运用，体现出层次。

任务实施

1. 常规参数设置

1 新建文档。启动Photoshop软件，打开"新建"对话框，设置宽度为500像素，高度为400像素，分辨率为72像素/英寸，颜色模式为RGB颜色、8位，如图2-2所示。

2 设置标尺单位。在菜单栏中的"编辑"菜单下打开"首选项"对话框，在"单位与标尺"中设置标尺单位为像素，单击"确定"按钮，如图2-3所示。

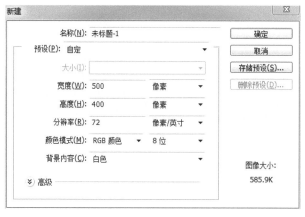

图2-2　新建文档

图2-3　设置标尺单位

3 设置参考线。在菜单栏中的"视图"菜单下单击"标尺"命令，在视图区左侧和上方会出现标尺，通过拖拽标尺为图标设置参考线，垂直方向：124px、157px、177px、250px、323px、343px、378px，水平方向：72px、107px、127px、200px、273px、293px、328px，如图2-4所示。

图2-4　设置参考线

2. 图标绘制

1 绘制图标轮廓。使用"圆角矩形工具"，设置半径为40像素，在"设置形状类型填充"中指定颜色，如图2-5所示。

2 绘制图标中的镜头轮廓。使用"椭圆工具"，在"路径操作"中勾选"新建图层"，接着在参考线中心创建圆形图形，在"设置形状类型填充"中指定颜色为白色，如图2-6所示。

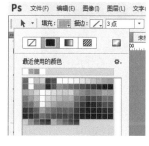   

图2-5　绘制图标轮廓

图2-6　绘制图标中的镜头轮廓

3 绘制图标镜头细节。使用"椭圆工具"，在圆形中心按<Alt>键，沿参考线中心创建圆形图形，在"设置形状类型填充"中指定颜色，如图2-7所示。

4 绘制镜头细节。继续使用"椭圆工具"，在圆形中心按<Alt>键，沿参考线中心创建圆形图形，调整图形大小后，在"设置形状类型填充"中指定颜色，如图2-8所示。

5 继续绘制镜头细节。再继续使用"椭圆工具"，在圆形中心按<Alt>键，沿参考线中心创建圆形图形，调整图形大小后，在"设置形状类型填充"中指定颜色，如图2-9所示。

6 添加相机补偿灯光。使用"椭圆工具"在参考线左上方创建圆形图形，调整图形大小后，在"设置形状类型填充"中指定颜色。在图层面板中再复制一个图层，在菜单栏下的"编辑"菜单中找到"自由变换路径"命令或按<Ctrl+T>组合键，将图形沿中心缩小至合适的大小，最后在"设置形状类型填充"中指定颜色，如图2-10所示。

图2-7　绘制图标镜头细节　图2-8　绘制镜头细节　图2-9　继续绘制镜头细节　图2-10　添加相机补偿灯光

3. 最终效果调整

1 制作镜头高光。使用"椭圆工具"分别创建三个大小不等的圆形，接着将三个圆形分别移动至镜头的适当位置上，如图2-11所示。

2 制作光线效果。复制一个填充为白色的镜头图层，再选中"矩形工具"，在路径操作中勾选"减去顶层形状"，沿参考线的中心拖拽出一个矩形。接着在菜单栏下的"编辑"菜单中找到"自由变换路径"命令或按<Ctrl+T>组合键，将自由变换路径中心放置在参考线中心点，调整图形角度，将不透明度调整为20%。最后用同样的方法，为补偿灯光添加光线效果，如图2-12所示。

3 制作镜头长投影效果。将图标轮廓图层复制一个，选中"矩形工具"，在路径操作中勾选"与形状区域相交"再拖拽出一个矩形，在"设置形状类型填充"中指定颜色，接着使用"直接选择工具"拖动矩形的锚点，完成效果如图2-13所示。

图2-11　制作镜头高光　　图2-12　制作光线效果　　　　图2-13　制作镜头长投影效果

4 制作相机补偿灯光长投影效果。复制一个图标轮廓图层，选中"直线工具"，沿相机补偿灯光的45°方向拖拽出一条直线，接着使用"直接选择工具"拖动直线上的锚点，在"设置形状类型填充"中指定颜色，如图2-14所示。

5 最终效果。为背景填充颜色，将视图中的辅助线去除，接着使用类似方法完成其他图标制作，最终完成效果如图2-15所示。

图2-14 制作相机补偿灯光长投影效果　　图2-15 最终效果

必备知识

1. 图标设计常识

（1）图标绘制格式　在使用Photoshop软件绘制图标时，要使用"形状工具"绘制矢量格式，不要将格式转换成位图格式或智能对象格式，这样能有效避免拉伸或切图过程中所导致的边缘模糊情况，如图2-16所示。

（2）图标尺寸使用偶数，要避免奇数的使用　图标尺寸大多数采用偶数，主要是为了适配不同的分辨率。如果图标尺寸为奇数，缩小一半之后会出现小数点，图标也就模糊了。

（3）图标状态要有所区分　每个按钮都有四种状态：默认、按下、选中、不可选，至少考虑"默认"和"选中"两种状态，如图2-17所示。

图2-16 位图格式与智能对象格式　　图2-17 按钮状态

（4）可单击的部件与屏幕的四周要保持一定的距离，通常会控制为20～30px。

2. 设计尺寸

（1）iOS　苹果公司开发的移动操作系统，iOS设计尺寸如图2-18所示。

（2）Android　基于Linux的开源操作系统，主要用于移动设备，如智能手机和平板计算机，Android设计尺寸如图2-19所示。

图2-18 iOS设计尺寸　　　　图2-19 Android设计尺寸

3. 界面元素

Android和iOS的APP界面元素基本是相同的，包括状态栏、导航栏、标签栏、内容区四个部分，如图2-20所示。

状态栏
导航栏

内容区

标签栏

图2-20　界面元素

任 务拓展

　　公司近期承接"铃声滴滴答"APP图标的设计项目。"铃声滴滴答"是一款手机铃声应用类APP，此APP的特点是"官方推荐、百万铃声；曲库超全、分类清晰；自己剪辑、时尚炫酷"。设计风格要求扁平化，内容大体分为首页面、我的铃音、铃音设置向导、社区与粉丝四个模块。

　　1．请根据项目需求，收集同类型APP的图标并进行分析

　　2．设计"铃声滴滴答"APP的扁平化图标

　　3．设计"铃声滴滴答"APP页面内的功能实体化图标

任务 2　线性图标设计

任 务分析

　　助理设计师小满根据敲定的设计方案草图绘制图标，使用Illustrator软件来逐步完成该图标的绘制。在制作线性图标时常使用的命令包括"钢笔工具""基本图形工具""路径查找器"等。通过对线性图标的制作，小满对图标的尺寸规格、图形指示意义及绘制原则有了深刻的理解。

任 务实施

　　1．常规参数设置

　　① 新建文档。启动Illustrator软件，打开"新建文档"对话框，设置单位为像素，设置宽度为60px，高度为60px，其他参数保持默认，如图2-21所示。

　　② 设置参考线及网格。在菜单栏中的"编辑"菜单下打开"首选项"对话框，在"参考线和网格"中设置网格线间隔为32px，次分隔线为32，单击"确定"按钮，如图2-22所示。接着，在菜单栏中的"视图"菜单下勾选"显示网格"，组合键为<Ctrl+">。

图2-21 新建文档

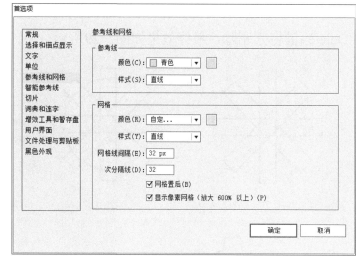

图2-22 设置参考线和网格

2. 绘制"工具"图标

1 创建基本图形。设置填充颜色为无，描边颜色为黑色，描边为0.5pt。接着使用"矩形工具"，双击视图区弹出"矩形"对话框，设置宽度为6px，高度为40px，如图2-23所示。

2 创建工具图标图形。右击视图区，在弹出的对话框中找到"变换"命令下的"旋转"，在弹出的"旋转"对话框中设置角度为45°，单击"复制"按钮，如图2-24所示。

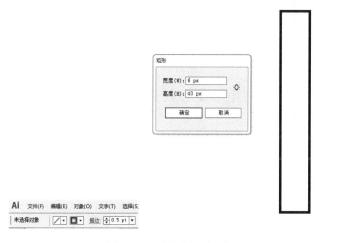

图2-23 创建基本图形

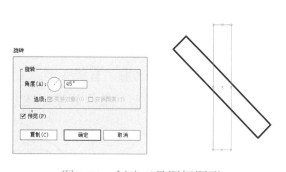

图2-24 创建工具图标图形

3 细化工具图标轮廓。右击视图区，在弹出的对话框中找到"变换"命令下的"在此变换"，组合键为<Ctrl+D>。接着重复多次该操作，得到效果如图2-25所示。

4 完成工具图标轮廓。使用"圆形工具"，双击视图区，会弹出"椭圆"对话框，设置宽度为32px，高度为32px，并将圆形放置在图形中心，如图2-26所示。

5 完成工具图标外形。将所有图形选中，使用"路径查找器"中的"形状模式"下的"联集"，效果如图2-27所示。

6 细化基本图形。在菜单栏中的"效果"菜单中单击"风格化"中的"圆角"，会弹出"圆角"对话框，设置圆角半径为2px，如图2-28所示。

7 最终效果。使用"圆形工具"创建一个圆形，接着使用"钢笔工具"中的"添加锚点工具"在圆形的右上方分别添加两个锚点，最后使用"直接选择工具"将中间的线段选中，按<Delete>键将其删除，最终效果如图2-29所示。

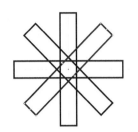

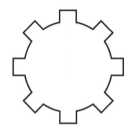

图2-25　细化工具图标轮廓　　　图2-26　完成工具图标轮廓　　　图2-27　完成工具图标外形

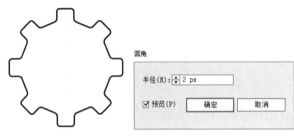

图2-28　细化基本图形　　　　　　　　　　图2-29　最终效果

3. 绘制"话筒"图标

1 创建基本图形。设置填充颜色为无，描边颜色为黑色，描边大小为0.5pt。接着使用"圆角矩形工具"，创建一个圆角矩形图形，如图2-30所示。

2 细化基本图形。使用"圆角矩形工具"，创建一个较大的圆角矩形图形，图形的中心点位于垂直中心线上，如图2-31所示。

3 调整基本图形。使用"直接选择工具"，选中圆角矩形图形上部的线段，按<Delete>键将其删除，如图2-32所示。

4 最终效果。使用"直线工具"，分别在图形上添加相应的元素，绘制时要让图形的中心点位于垂直中心线上，最终效果如图2-33所示。

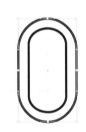

图2-30　创建基本图形　　　图2-31　细化基本图形　　　图2-32　调整基本图形　　　图2-33　最终效果

必 备知识

1. dpi、分辨率、屏幕尺寸、ppi、px、pt、dp、sp

dpi：dot per inch，每英寸可分辨的点数，也叫屏幕密度。这个值越大，屏幕越清晰。

分辨率：横纵两个方向的像素点的数量。屏幕尺寸一样的情况下，分辨率越高，显示效果就越精细。

屏幕尺寸：屏幕对角线的长度。

ppi：pixel per inch，像素密度，即每英寸所拥有的像素数目。

px：pixel，像素，电子屏幕上组成一幅图画或照片的最基本单元。

pt：point，点，印刷行业常用单位，等于1/72英寸。

dp：dip，density-independent pixel，是安卓开发用的长度单位，1dp表示在屏幕像素点密度为160ppi时的1px的长度。

sp：scale-independent pixel，安卓开发用的字体大小单位。

2．配置AI首选项

AI是基于矢量的绘图软件。图标的绘制是基于像素点进行绘制的，需要精准把握像素点，以防在界面中出现虚边，图标对比如图2-34所示。配置AI首选项是为了让绘图建立在像素的基础上。

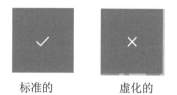

图2-34　图标对比

（1）键盘增量设置　执行菜单→编辑→首选项，在常规中设置键盘增量为1pt，去掉勾选缩放描边和效果，如图2-35所示。

（2）单位设置　常规和描边设置为像素，文字和亚洲文字设置为像素，如图2-36所示。

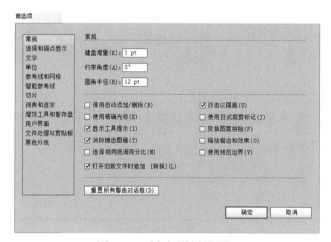

图2-35　键盘增量设置

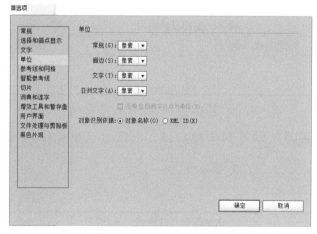

图2-36　单位设置

（3）新建文档设置　画布尺寸单位选择像素，"高级"选项组中的预览模式为"默认值"，让画面的渲染基于像素而不是矢量，如图2-37所示。

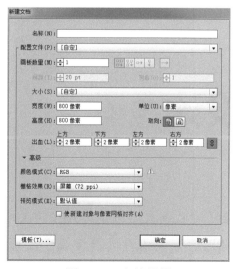

图2-37　文档设置

任务拓展

1. 收集各类APP页面内线性图标的样式，以三个为一组，共收集五组。
2. 使用Illustrator软件来完成"铃声滴滴答"APP页面内线性功能图标的制作。

项目评价

1. 扁平化图标设计项目评价表

扁平化图标设计项目评价表

图标完整度（25分） 图标一致性 图标效果吸引力 像素效果	草图绘制（25分） 表意清晰 表达结构、材质、色彩清楚	图标绘制（25分） 易于拓展 元素绘制清晰 线条连贯完整	制作规范（25分） 文档规范 图形格式、颜色标准

2. 学生自我评价表

学生自我评价表

扁平化图标设计项目		拓展项目		学习体会
是否完成（是/否）	所用时间	是否完成（是/否）	所用时间	

备注：学习体会一项的填写需特别注意，应避免简单的心情描述，需要详细写明通过项目练习所学习到的新知识，以及自己感觉难以理解的知识。

3. 企业专家评语

项目企业鉴定表

作品是否通过验收（是/否）	作品鉴定

鉴定公司名称：   鉴定人：

项目2

拟物化图标设计

项目描述

E-Design设计公司近期承接了"欧洲文学阅读"APP的设计项目。"欧洲文学阅读"APP是一款专注于欧洲文学传播的APP。需要设计的图标属于应用程序类图标，风格要求写实，单击图标后会进入程序的欢迎页面。经过例会讨论，项目总监将任务分配给β小组，由小雪负责，助理设计师小满辅助小雪完成该项目。

在了解项目的需求后，根据定义如类型、尺寸、风格等，提炼出关键词及特征，接下来完成草图与矢量图绘制，最终调整细节与整体平衡。通过这四个步骤来完成该项目的图标制作，如图2-38所示。

图2-38 设计步骤

任务 1 设计前期准备

任务分析

β小组设计师小雪接到任务后，明确了完成任务的流程。首先明确项目具体需求，随后分析同类APP的设计情况，之后根据搜集到的资料绘制设计草图，最后在公司例会上以投票的方式确定设计方案。设计方案确定后，助理设计师小满负责方案的成型及细节调整。

任务实施

1. 核对分析项目需求

查看设计方案的需求，确定规定的主题颜色、尺寸及开发标准等，重点从以下三个方面进行项目需求分析：

1）客户需求。

2）产品需求。

3）风格需求。

2. 收集资料，分析同类设计

1）通过网络和市场调研，查找同类型图标，进行对比。

2）进行分析对比相关产品的主题颜色、按钮间距、排版风格、元素大小。

3. 创意构思

根据搜集到的资料绘制设计草图，如图2-39所示。

4. 确定设计方案

确定项目的设计方案，如图2-40所示。

图2-39 绘制设计草图　　　　　图2-40 确定设计方案

必备知识

图标设计常识

用户通常通过图标开始了解应用程序，同时图标也是界面设计中经常用到的元素。图标能将界面连接起来，使用户可以通过单击就从"A"到达"B"。那么，什么样的图标才算是好图标呢？"美观"和"辨识度"是应用类图标最重要的两个特征。下面我们将从设计的角度从以下几个方面对图标进行分析。

1）简单而独特的外形更容易让图标被识别。即使是写实类的拟物化图标，线条也一定要简洁明了，能够绘制出具有代表性的轮廓，体现出应用程序的功能就可以了，如图2-41所示。

2）简洁而明了的色彩更容易提高图标的辨识度。尽管我们经常见到一些颜色变化丰富的优秀图标，但是设计起来会非常难，通常使用一到两种颜色就可以了，如图2-42所示。

Browser　　Reminders　　Music　　Dribbble

Vimeo　　Flipboard　　Colorfull　　Clear

图2-41　图形简洁独特的图标　　　　　　图2-42　色彩简洁明了的图标

3）准确运用材质突出图标的功能特征。图标的质感不仅是用来体现美感的，更重要的是突出图标的功能特征，让用户更能接受你的设计，如图2-43所示。

4）概念的选择要与时俱进。一些概念随着时间的流逝会逐渐被取代，例如，老式的台式计算机图案很难代表互联网的概念、3.5英寸的软盘图案也不能代表存储的概念等。

5）图标的设计要突出重点。图标的设计与绘图有着本质的区别，众所周知的设计理论"形式追随功能"在这里就是一个很好的体现，如图2-44所示。

Notes　　Voice Memos　　Settings　　Group

图2-43　材质突出的图标　　　　　　　图2-44　重点突出的图标

6）图标设计要随时保持创新的状态。想让自己的设计在众多图标中脱颖而出，除了不断学习和积累外，更要勇于尝试和创新，学会运用简单的概念和元素不断地进行变化和组合，如图2-45所示。

图2-45　创新的图标

任务拓展

打开手机，从个人手机中挑选六个应用类APP图标，观察其特点并分别手绘出设计草图。

任务 2　图标绘制

任务分析

助理设计师小满根据例会敲定的设计草图来制作最终设计图标。小满使用Photoshop软件来逐步完成该图标的绘制。小满使用"渐变""色彩""阴影"使图标的细节更为丰富，具体操作过程体现了小满对"如何构成拟物化"的理解。

任务实施

1. 确立造型，以及固有色

1 新建文档。启动Photoshop软件，打开"新建"对话框，设置名称为"属性图标"，设置宽度为600像素，高度为600像素，分辨率为300，颜色模式为RGB颜色。

2 确定书籍透视。使用"矩形选框工具"绘制一个矩形，填充颜色为R=212、G=118、B=23；根据设计草图绘制，使用"自由变换工具"调整书籍顶面造型；把调整好的图形复制一份置于下层，确定较理想的书籍厚度，调整"色相/饱和度"中的明度值，将其拖动至右侧，效果如图2-46所示。

提示：

每完成一个书籍元素的制作，都需要新建图层并按照书籍元素进行命名。

3 绘制书籍边缘、书页和书脊。使用"钢笔工具"绘制出书籍边缘厚度，填充颜色为R=43、G=22、B=2；继续使用"钢笔工具"绘制出书籍内部的书页，用"渐变工具"进行拉伸，填充颜色为R=94、G=46、B=12和R=156、G=125、B=73；继续使用"钢笔工具"绘制出书籍脊，书脊的造型可以参考书籍边缘厚度的"U"字形，填充颜色为R=156、G=91、B=25，效果如图2-47所示。

图2-46　确定书籍透视　　　　　　　　　　　图2-47　绘制书籍边缘、书页和书脊

4 绘制书籍搭扣。使用"矩形选框工具"绘制一个矩形，填充颜色为R=191、G=105、B=18，再用"自由变换工具"调整书籍腰封位置造型。接着使用"多边形套索工具"绘制出搭扣的转折，填充颜色为R=92、G=51、B=9，效果如图2-48所示。

图2-48　绘制书籍搭扣

5 细化书籍封面。复制一层封面图层并置于原图层之上，使用"钢笔工具"绘制出书籍封面装饰轮廓，接着将钢笔路径转化为选区，按<Delete>键删除多余部分，得到封面装饰图形，填充颜色为R=242、G=164、B=87；导入素材图案，使用"自由变换工具"将花纹与封面进行匹配，效果如图2-49所示。

图2-49　细化书籍封面

2. 确定光源方向，交代明暗结构

1 细化封面效果。选中封面，添加"图层样式"并勾选渐变叠加，设置色标为R=184、G=100、B=20，R=238、G=134、B=29位置为44%，R=184、G=100、B=20，角度为82度，缩放为99%；选中腰封的顶面，添加"图层样式"并勾选渐变叠加，设置色标为R=156、G=91、

B=25，R=230、G=140、B=11位置为50%，R=156、G=91、B=25，角度为90度，缩放为56%，如图2-50所示。

2 细化封面装饰图形。选中封面装饰图层，添加"图层样式"并勾选渐变叠加，设置色标为R=156、G=91、B=25，R=215、G=147、B=82位置为44%，R=156、G=91、B=25，角度为90度；接着再勾选斜面和浮雕；结构参数中设置样式为内斜面、方法为雕刻清晰、深度为195%；阴影参数中设置高光模式为滤色，颜色为R=255、G=128、B=0；设置阴影模式为正片叠底，颜色为R=43、G=22、B=2，如图2-51所示。

图2-50　细化封面效果　　　　　　　　　图2-51　细化封面装饰图形

3 调整书脊装饰图形。选中书脊图层，复制一层书脊图层并置于原图层之上，用"自由变换工具"调整书脊装饰进行等比例收缩；接着添加"图层样式"并勾选斜面和浮雕，设置结构中样式为枕状浮雕、方法为平滑、深度为100%；继续回到书脊图层，调出该图层选区，使用"减淡工具"并按住<Shift>键，沿书脊方向绘制出高感光效果，如图2-52所示。

4 细化书脊装饰图形。选中书脊装饰，在"图层样式"中勾选渐变叠加，设置色标为R=232、G=141、B=11，R=107、G=58、B=12位置为83%，R=232、G=141、B=11，角度为-149度，缩放为28%，如图2-53所示。

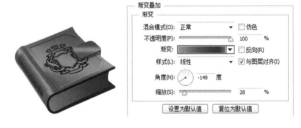

图2-52　调整书脊装饰图形　　　　　　　图2-53　细化书脊装饰图形

3. 深入刻画，描绘细节

1 绘制书签。使用"钢笔工具"在书页位置绘制出书签，填充颜色为R=91、G=52、B=9，复制一层书签图层并置于原图层之上，用"自由变换工具"调整书签进行等比例收缩，填充颜色为R=122、G=88、B=52，再使用"减淡工具"绘制出书签的高光效果，如图2-54所示。

2 绘制镶嵌宝石。选中腰封的顶面，复制一层腰封图层并置于原图层之上，用"自由变换工具"调整腰封饰进行等比例收缩，填充颜色为R=82、G=45、B=8。选中腰封装饰，再复制一层宝石轮廓图层置于原图层之上，用"自由变换工具"调整腰封饰进行等比例收缩，填充颜色为R=236、G=29、B=32，如图2-55所示。

3 细化宝石效果。使用"多边形套索工具"沿宝石轮廓绘制出宝石的切割面，接着用"渐变工具"进行拉伸，填充颜色为R=236、G=29、B=32，R=255、G=255、B=255；继续使用"多边形套索工具"进行宝石切割面绘制，完成宝石制作，如图2-56所示。

图2-54 绘制书签　　　　　　图2-55 绘制镶嵌宝石　　　　　　图2-56 细化宝石效果

4 丰富封面装饰细节。使用"多边形套索工具"分别沿封面装饰右侧的切角绘制三角形，再用"自由变换工具"分别调整其位置，接着添加"图层样式"并勾选斜面和浮雕，结构参数中设置样式为内斜面、方法为雕刻清晰、深度为195%；阴影参数中设置高光模式为滤色，颜色为R=255、G=128、B=0，设置阴影模式为正片叠底，颜色为R=43、G=22、B=2；接着勾选渐变叠加，设置色标为R=156、G=91、B=25，R=215、G=147、B=82位置为44%，R=156、G=91、B=25，角度为90度，效果如图2-57所示。

图2-57 丰富封面装饰细节

5 丰富书页细节。新建图层，命名为"书页细节"，使用"多边形套索工具"沿书页水平方向分别绘制多个较长的三角形，填充颜色为R=43、G=22、B=2，再用"自由变换工具"分别调整其形状，丰富书页细节，效果如图2-58所示。

6 绘制元素阴影及高光。新建图层，命名为"阴影"，使用"钢笔工具"在书页、书签和腰封的位置分别绘制出其投影形状，填充颜色为R=43、G=22、B=2，调整图层透明度为41%；继续使用"钢笔工具"，在封面、封面花纹和书脊的位置分别绘制出高光形状，使用"画笔工具"填充出有变化的高感光颜色，效果如图2-59所示。

4. 最终调整，完成效果

为书籍添加整体的阴影效果，完善细节处理，最终效果如图2-60所示。

图2-58 丰富书页细节　　　图2-59 绘制元素阴影及高光　　　图2-60 最终效果

必 备知识

图标设计中都会使用统一的系统图标栅格系统。iOS的应用图标是放在手机屏幕上的，每一个图标都必须要有一个带圆角的正方形作为图标背景板，这个背景板是为了统一应用图标的外形而设定的。而系统图标直接就是图标本身，不要任何的背景板。因此，系统图标的栅格系统可以直接沿用应用图标内圆形部分的栅格比例，作为系统图标的栅格系统，该比例关系为8a/(8a−3a)=1.6，小圆与大正方形的比例为7a/4.25a≈1.647，中圆与大圆的比例为4.25a/3a≈1.417，中圆与小圆的比例接近$\sqrt{2}$，图标栅格系统如图2-61所示。

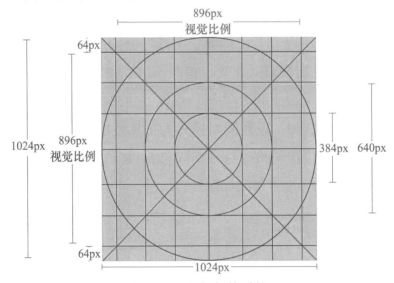

图2-61　图标栅格系统

系统图标的造型多种多样，但是在其看似复杂的造型背后，可以把系统图标概括为四种基本型：圆形图标，方形图标，竖长形图标和横长形图标，如图2-62所示。

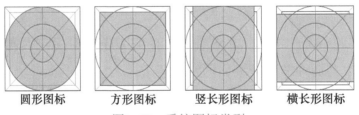

图2-62　系统图标类型

如果按照图标的实际尺寸设计图标的话，会出现图标视觉大小不统一的问题。两个图形的视觉大小是否一致，是由两个图形的面积是否相同决定的。也就是说，只要能够保证两个图形的面积基本相同，那么就能保证两个图像的视觉大小基本一致。这就是要制定图标栅格系统的原因，视觉统一图标如图2-63所示。

视觉比例保持一致的栅格范例：

1）圆形图标的视觉张力较小，所以撑满整个栅格，如图2-64所示。

2）方形图标的视觉张力较大，所以适当缩小面积，如图2-65所示。

3）竖长形图标一般上下撑满栅格，左右留出间距（间距根据视觉比例调整），如图2-66所示。

4）横长形图标一般左右撑满栅格，左右留出间距（间距根据视觉比例调整），如图2-67所示。

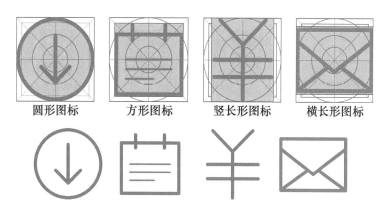

圆形图标　　方形图标　　竖长形图标　　横长形图标

图2-63　视觉统一图标

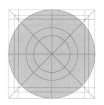

图2-64　圆形图标视觉张力

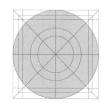

图2-65　方形图标视觉张力

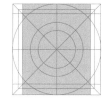

图2-66　竖长形图标视觉张力

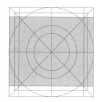

图2-67　横长形图标视觉张力

iOS系统图标栅格系统如图2-68所示。

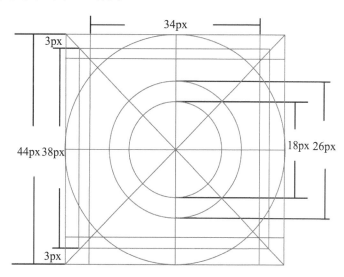

图2-68　iOS系统图标栅格系统

任务拓展

参考如图2-69所示的图书阅读类APP图标，画出设计草图并使用Photoshop软件制作最终效果图，可以和原图保持一致，也可以在此基础上有所发挥，亦可以自行设计一款图标。

图2-69　参考图标

项目评价

1. 拟物化图标设计项目评价表

拟物化图标设计项目评价表

图标完整度（25分） 图标一致性 图标效果吸引力 拟物效果	草图绘制（25分） 表意清晰 表达结构、材质、色彩清楚	图标绘制（25分） 易于拓展 元素绘制清晰 光影效果一致 立体效果强	制作规范（25分） 文档规范 图形格式、颜色标准

2. 学生自我评价表

学生自我评价表

拟物化图标设计项目		拓展项目		学习体会
是否完成（是/否）	所用时间	是否完成（是/否）	所用时间	

备注：学习体会一项的填写需特别注意避免简单的心情描述，需要详细写明通过项目练习所学习到的新的知识及自己感觉难以理解的知识。

3. 企业专家评语

项目企业鉴定表

作品是否通过验收（是/否）	作品鉴定

鉴定公司名称： 鉴定人：

 实战强化

下载三款共享单车的APP，分别绘制出其图标的手绘图及设计图，分析其设计特点。假设市场上出现一款紫色的共享单车，请结合目前共享单车的市场需求设计出紫色共享单车的APP图标。

单元小结

本单元概括了图标设计的相关基础知识，通过扁平化图标和拟物化图标设计相关项目的完成，熟悉图标设计的操作规范，体会图标设计的流程。手绘图标和使用Photoshop软件将设计草图转化为最终设计产品是图标设计中必备的操作技能。

工具和技术的使用是为了践行设计思想，设计思想的形成需要耐心的观察、认真的思考和灵动的转化，这些都需要一点一滴的积累。

学习单元3
网页设计

▶ **单元概述**

　　通常来说，UI设计领域内的网页设计倾向于视觉而非代码。本单元重点介绍网页重要组成元素Banner的设计及网站主页设计两方面内容。Banner作为网站的横幅广告，核心功能是吸引用户关注，获得高点击率。作为广告形式的一种，它需要主题明确，突出关键内容。在进行Banner设计前，必须先弄清楚三个问题：需要设计的Banner主要适用于什么主题？推荐的是什么样的产品？如何生动有趣地去表现设计需求以吸引用户点击？本单元通过对Banner的设计制作流程的介绍，使读者能够熟悉Banner设计构成元素及Banner设计的流程，并对Banner设计形成整体的概念。除了Banner这一核心要素外，网站主页设计也非常重要。本单元详细介绍了网站主页设计的具体方法，概述了网站主页设计需要考虑的因素及注意事项。

▶ **学习目标**

　　1．能够说出Banner制作的流程

　　2．通过项目制作，学习Banner设计制作要素规范

　　3．灵活使用平面设计软件，体现Banner的表现力和传达力；掌握Banner画面质感、重量感的表现方法

　　4．能够说出网站主页设计包含的具体内容

　　5．能够通过项目制作，学习电商平台首页设计制作要素规范；电商平台首页设计流程；电商平台首页的布局和电商网页的设计原则

　　6．灵活使用平面设计软件表现电商平台首页设计案例的表现力和传达力

项目1
Banner设计

 项目描述

每日鲜Fresh-One食品公司是一个围绕着市民餐桌的生鲜O2O电商平台。每日鲜Fresh-One提供的食品覆盖了水果蔬菜、海鲜肉禽、牛奶零食等品类，为用户提供全球生鲜产品"2小时送货上门"的极速达冷链配送服务，主打精选、产地直采、极速达。每日鲜Fresh-One公司近期推出当季新品热带水果与海产品新上市项目。为了使该项目得到最大程度的推广，带给顾客耳目一新的感觉，需要对该项目进行网站首页的Banner设计，设计风格要求配色热情明快，产品直观有吸引力，顾客接受度强。

任务 1 设计前期准备

任务分析

本项目需要设计的内容大体分为模块A：热带水果，模块B：海产品。此次Banner设计由设计师小寒负责。小寒首先定义了本次项目的要求，通过收集资料和小组讨论，确定此项目的定位与风格。经过讨论，主要从Banner的构成要素、主题、文字、配图、构图等方面进行分析推敲，如图3-1所示。

图3-1　Banner构成要素

任务实施

Banner设计过程可以分为以下5步，如图3-2所示。

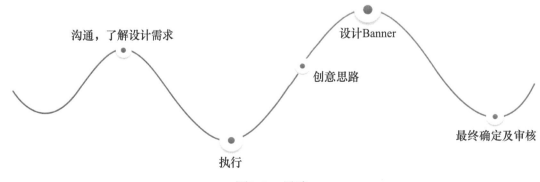

图3-2　思路

1. 沟通，了解设计需求

在有设计需求的时候先不要着急马上就开工，首先要了解一下项目的背景、客户的需求，如这是什么主题？推荐的产品是什么样的？根据主题去定位相应的活动基调、色调和风格。风格涉及色彩、布局、字体、排版等。

2. 执行

（1）版式 版式规则是整个设计的骨架，开始做Banner前，先把信息分类整理，摆放产品或者模特的位置，合理地运用画面。

1）"文案+背景"关系主要分为文案居左排版、文案居中排版和文案居右排版，如图3-3至图3-5所示。

2）"文案+产品+背景"关系主要分为以下几种，三角形、圆形、长方形、倾斜形和其他形分别如图3-6至图3-10所示。

图3-3 文案居左排版

图3-4 文案居中排版

图3-5 文案居右排版

图3-6 三角形

图3-7 圆形

图3-8 长方形

图3-9 倾斜形（具有动感）

图3-10 其他形（活泼自由）

（2）色彩设定 色彩设定的主要工作为确定主色调、辅色调。不难理解，在整个画面中色彩占用最多的颜色可以确定为主色调，辅色调作为点缀辅助，要根据行业属性配比相关颜色。

对于色彩设定来说，配色的方法很多，下面介绍六种可以让Banner呈现平衡的色彩关系的方法，互补色、冷暖色、深浅色、花色与纯色、渐变色分别如图3-11至图3-15所示。

本次设计的关键词为：食品、水果、新鲜、集采、即日达等，由此可以确定色彩设定的主色调为明亮的暖色调，以营造新鲜的氛围；辅色调使用素材本身的颜色，以烘托Banner的风格。字体颜色选用白色。

图3-11　互补色

图3-12　冷暖色

图3-13　深浅色

图3-14　花色与纯色

图3-15　渐变色

3．创意思路

提取关键字，并通过头脑风暴的方式将关键词具像化，使最终的视觉效果符合设计需求。页面元素、场景、布局排版等都需要在这个阶段去考虑，可以在纸上画草图演示布局。

通过分析本项目的设计要求，提取关键字：生鲜，食品，品质，服务，精选，并转化具像化图形，如图3-16所示。

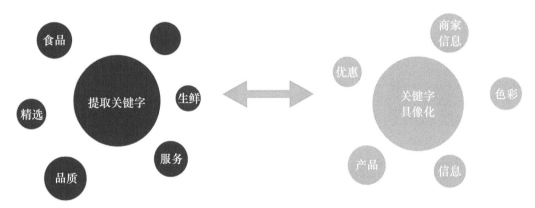

图3-16　提取关键字

4．设计Banner

根据具像化的关键词，设计构成Banner的元素，收集素材，建立素材库文件夹，有逻辑地把素材放在各分类下，如人物类、场景类、字体类、装饰类素材等，这样，在整体布局排版的时候就能够更加有效率地去调取素材。要在平时养成收集素材的好习惯。

通过实地拍摄，后期调色，确定了牛奶、海鱼、西瓜、意大利面等素材。

5．最终确定及审核

Banner设计后一定要附上效果图或者样机图，去模拟真实的展示效果，看看实际上线效果和预期是不是一致的，展示效果图如图3-17所示。

图3-17 展示效果图

任务 2 网站Banner广告制作

任务分析

β小组设计师小寒接到任务后明确了完成任务的流程，经过项目例会讨论确定牛奶瓶、香草、鱼、西瓜、面条为素材，在制作过程中要求小组成员严格执行设计规范，同时也提示小组成员突出产品特点，传达主旨，信息分层。

任务实施

1．新建文档

启动Photoshop软件，打开"新建"对话框，设置宽度为2740像素，高度为830像素，分辨率为72像素/英寸，颜色模式为RGB颜色，如图3-18所示。

2．背景绘制

1 设置背景颜色。新建图层，设置背景色用油漆桶填色，填充为指定颜色，如图3-19所示。

图3-18 新建文档　　　　　　　　　　　图3-19 设置背景颜色

2 绘制深色背景层。使用"钢笔工具"勾出矩形，如图3-20所示。然后填充颜色，指定颜色设置如图3-21所示。

图3-20　绘制矩形

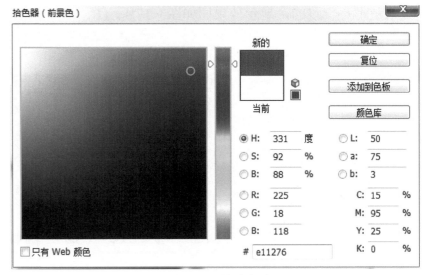

图3-21　指定颜色

3．图片和文案排版

1 收集素材，如图3-22所示。

sucai (1)　　sucai (2)　　　sucai (3)　　　sucai (4)　　　sucai (5)

图3-22　素材

2 处理素材。首先处理"鱼"素材。使用"钢笔工具"选取素材进行排版，如图3-23所示。使用"钢笔工具"勾选所需范围，执行"路径"→"选区"命令，调整边缘，按<Ctrl+J>组合键复制图层。按<Ctrl+T>组合键，使用自由变换工具调整素材的位置和大小，效果如图3-24所示。

处理"面条"素材。使用"钢笔工具"勾选所需范围，执行"路径"→"选区"命令，调整边缘，按<Ctrl+J>组合键复制图层。用"液化工具"收窄面条宽度，效果如图3-25所示。

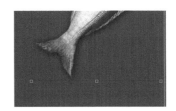

图3-23　选取"鱼"素材　　图3-24　处理"鱼"素材　　图3-25　选取"面条"素材

选择"钢笔"→"形状工具"，勾出所需的黑色系带形状，用"黑灰黑"渐变过渡，制造立体感。调整面条颜色，偏黄。按<Ctrl+T>组合键，使用自由变换工具调整素材的位置和大小，效果如图3-26所示。

处理"西瓜"素材。使用"钢笔工具"勾选所需范围，执行"路径"→"选区"命令，调整边缘，按<Ctrl+J>组合键复制图层。使用"色阶工具"调整对比。按<Ctrl+T>组合键，使用自由变换工具调整素材的位置和大小，如图3-27所示。

处理"香草"素材。使用"钢笔工具"勾选所需范围，执行"路径"→"选区"命令，调整边缘，按<Ctrl+J>组合键复制图层。使用"色阶工具"和"色彩平衡"调整色调。按

＜Ctrl+T＞组合键，使用自由变换工具调整素材的位置和大小，如图3-28所示。

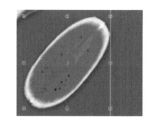

图3-26　处理"面条"素材　　图3-27　处理"西瓜"素材　图3-28　处理"香草"素材

处理"牛奶瓶"素材，使用"钢笔工具"勾选所需范围，如图3-29所示。执行"路径"→"选区"命令，调整边缘，按＜Ctrl+J＞复制图层，使用"色阶工具"和"色彩平衡"调整色调。按＜Ctrl+T＞组合键，使用自由变换工具调整素材的位置和大小，如图3-30所示。

所有素材处理完毕后，如图3-31所示。

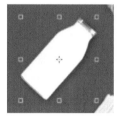

图3-29　选取"牛奶瓶"素材　图3-30　处理"牛奶瓶"素材　　图3-31　处理素材完毕

设置投影参数，如图3-32所示。

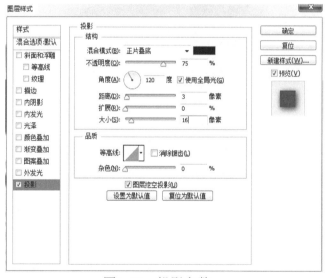

图3-32　投影参数

3 制作白色矩形。创建宽度为603像素、长度为214像素、半径为15像素的圆角矩形，如图3-33和图3-34所示。

4 制作椭圆。创建宽度为18像素、高度为18像素的椭圆，对话框如图3-35所示。为椭圆填充背景色，如图3-36所示。

5 制作虚线。使用"钢笔工具"的形状状态画出一条直线，然后更改描边的参数和形状，效果如图3-37所示。更改虚线颜色，参数如图3-38所示。

6 制作文案。插入文字"全品类精选生鲜"，设置参数为"微软雅黑　细""42px 行距100"。

插入文字"2小时送货上门"，设置参数为"微软雅黑 粗""44px 行距100"。

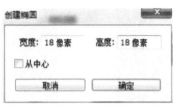

图3-33 创建圆角矩形　　图3-34 制作白色矩形　　图3-35 创建椭圆对话框　　图3-36 制作椭圆

插入文字"中国领先生鲜电商"和"2,000,000的共同选择 值得信赖"，设置参数为"方正新报宋体""13px 行距100"，如图3-39所示。

7 制作文案。插入文字"新人满59立减30"，设置参数为"微软雅黑 粗""24px 行距50"，颜色设置为背景色。插入文字"水果生鲜2小时到"，设置参数为"微软雅黑 细""18px 行距420"，颜色设置为黑色。插入文字"下载APP 免费领取"，设置参数为"微软雅黑 粗""16px 行距100"，颜色设置为黑色。插入文字"扫一扫 APP下载"，设置参数为"微软雅黑 细""8px 行距100"，颜色设置为黑色。效果如图3-40所示

图3-39 制作文案

图3-37 制作虚线　　　　　图3-38 颜色参数

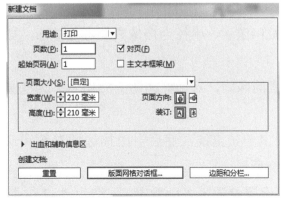

图3-40 制作文案

8 制作二维码。使用Adobe InDesign制作二维码。新建一个高度、宽度均为210毫米的正方形文档，如图3-41所示。然后边距设置为3毫米，设置栏相关参数，如图3-42所示。执行"对象"→"生成QR码"命令，打开生成QR代码对话框如图3-43所示。输入内容并生成二维码，结果如图3-44所示。

二维码效果如图3-45所示。

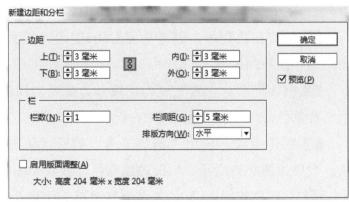

图3-41 新建文档　　　　　　　　　　图3-42 新建边距和分栏

图3-43 生成QR代码对话框

图3-44 生成二维码

图3-45 二维码效果

Banner的最终效果如图3-46所示。

图3-46 最终效果

必备知识

Banner设计常识 ——Banner绘制尺寸

打开网站页面会看到颜色丰富、图案各异的Banner图片，它们的大小也是不一样的。Banner的设计尺寸是由网站本身的设计规格和广告图片的规格决定的，可以说它的设计规格是没有固定要求的。虽然没有严格规定Banner的设计尺寸，但从网站Banner设计的页面规格分析，网站Banner设计中常用的尺寸如下。

（1）从网站页面的广告位置来看

1）首页右上，尺寸为120×60px。

2）首页顶部通栏，尺寸为760×60px。

3）首页中部通栏，尺寸为580×60px。

4）内页顶部通栏，尺寸为468×60px。

5）内页左上，尺寸为150×60px或300×300px。

6）下载地址页面，尺寸为560×60px或468×60px。

7）内页底部通栏，尺寸为760×60px。

8）左漂浮，尺寸为80×80px或100×100px。

9）右漂浮，尺寸为80×80px或100×100px。

（2）从网站的页面大小来看

1）800×600px下，网页宽度保持在778px以内，就不会出现水平滚动条，高度则视版面和内容决定。

2）1024×768px下，网页宽度保持在1002px以内，就不会出现水平滚动条，高度则视版面和内决定（页面的显示尺寸为1007×600px）。

3）使用Photoshop软件做网页可以在800×600px的状态下显示全屏，页面的下方又不会出现滑动条，尺寸为740×560px左右。

4）1024×768px下网页的尺寸为width=955，height=600。

800×600px下网页的尺寸为width=760，height=420。

5）分辨率在640×480px的情况下，页面的显示尺寸为620×311px。

（3）从Banner自身的设计大小看

1）页面长度原则上不超过3屏，宽度不超过1屏。

2）每个标准页面为A4幅面大小，即8.5×11英寸。

3）全尺寸Banner为468×60px，半尺寸Banner为234×60px，小Banner为88×31px，另外120×90px、120×60px也是小图标的标准尺寸。

4）每个非首页静态页面含图片字节不超过60K，全尺寸Banner不超过14K。

任务拓展

公司近期承接"月满登高秋意浓——端午节"产品推广的Banner设计项目。"月满登高秋意浓——端午节"Banner设计项目的风格特点是主题鲜明，具有浓厚的端午节日气氛和东方元素。目的是通过Banner对产品进行较好的推广，从而达到销售宣传的目的。

请根据项目需求，收集同类型Banner并进行分析。

设计"月满登高秋意浓——端午节"主题的Banner广告。

项目评价

1．网站Banner广告制作项目评价表

网站Banner广告制作项目评价表

界面完整度（25分） 背景 创意 状态栏	功能便携齐全（25分） 基本状态信息 主次分明 方便操作	色调整体美观度（25分） 定位明确 色调统一和谐 排版样式简洁美观 风格统一有鲜明特点	制作规范（25分） 尺寸规范 字体字号规范 图标大小规范

2．学生自我评价表

学生自我评价表

网站Banner广告制作项目		拓展项目		学习体会
是否完成（是/否）	所用时间	是否完成（是/否）	所用时间	

备注：学习体会一项的填写需特别注意避免简单的心情描述，需要详细写明通过项目练习所学习到的新的知识及自己感觉难以理解的知识。

3．企业专家评语

项目企业鉴定表

作品是否通过验收（是/否）	作品鉴定

鉴定公司名称：　　　　　　　　　　　　　　　　鉴定人：

项目2
电商平台首页设计

 项目描述

　　Studio公司的主要业务范围是售卖高品质HiFi耳机和数码配件等。Studio公司本次新推出一款头戴式耳机，外观潮流时尚，是很多潮人首选的耳机。为了使Studio公司得到最大程度的推广，建立客户信用度，增加销量，需要对该项目进行网站设计，要求分类明确，色彩明快，产品直观吸引客户购买。

　　此次电商平台首页设计由设计师小寒负责。小寒首先定义了本次项目的要求，通过收集资料和小组讨论确定此项目定位与风格。经过讨论，需要设计的模块大体包含网站Logo、导航栏、Banner、商品内容区域和页脚，如图3-47所示。

图3-47　模块

　　设计网站就像一个工程一样，有一定的工作流程，要从了解客户需求开始，有计划地工作下去。只有了解网站制作的基本流程，才能制作出更好、更合理的网站。电商平台首页设计流程可以分为以下几步。

1．网站前期策划，包括网站主题和了解客户设计需求

　　网站主题是网站的中心内容，用于指明网站的主要内容。网站必须要有一个明确的主题。

　　通过了解需求确定设计风格。分析消费者的需求和市场状态，对企业自身的状况进行综合分析，一定要以"消费者"为中心，而不能以"为了设计而设计"为中心进行策划。在策划时要考虑以下问题：

- 网站建设的目的;

- 网站的服务和产品;

- 企业的产品和服务;

- 企业的产品和服务的表现形式。

2. 收集资料

在网站前期策划完成之后,就要进行网站设计所需资料的收集。网站的首页主要包括文案、图形、多媒体等内容。搜集素材时,要注意版权问题。

3. 正式设计制作网页

策划好主题和收集好素材后,就进入网页设计制作阶段了。首先对网站的整体风格进行规划,主要包括网站的整体色彩、结构、字体、背景等元素。

接下来,在设计制作过程中按照先宏观再微观的顺序进行设计,根据主题设计网站的名称、标识、风格、导航栏、版面布局、目录结构等内容。

任务 1 耳机网站首页设计

任务分析

β小组设计师小寒接到任务后,明确了完成任务的流程。经过项目例会讨论,确定为耳机公司设计电商网站首页。在制作过程中小寒要求小组成员要严格执行设计规范,同时也提示小组成员设计中注意色彩的搭配和字体字号的选择,整体风格应简洁易用。

任务实施

1. 新建文档

启动Photoshop软件,打开"新建"对话框,设置宽度为1920像素,高度4635像素,分辨率为72像素/英寸,颜色模式为RGB颜色,如图3-48所示。

2. 店招图绘制

1 使用"矩形工具"创建一个宽度为2132像素,高度为110像素的深色矩形,对话框如图3-49所示,颜色设置如图3-50所示。

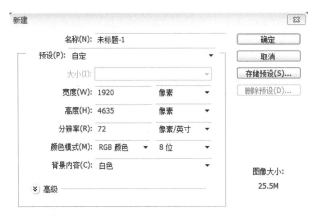

图3-48　新建文档

图3-49　创建矩形

2 设置文案。"首页 所有产品 新品上新 耳机 相机 手机 配件"的字体设置为"Adobe Heiti Std，18像素，行距0"，效果如图3-51所示。其中，字体颜色设置如图3-52所示。

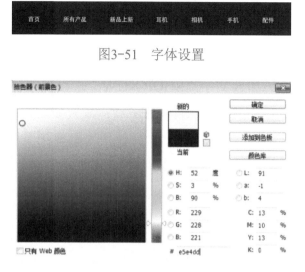

图3-51 字体设置

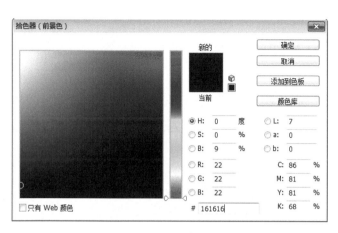

图3-50 颜色设置

图3-52 颜色设置

3. 轮播图制作

1 使用"矩形工具"创建一个宽度为2038像素，高度为700像素的浅色矩形，颜色设置为# ede5d9。

2 处理素材。使用"钢笔工具"选取素材进行排版，"耳机"素材如图3-53所示。

处理"耳机"素材。使用"钢笔工具"勾选所需范围，执行"路径"→"选区"命令，调整边缘，按<Ctrl+J>组合键复制图层。按<Ctrl+T>组合键，使用自由变换工具调整素材的位置和大小，效果如图3-54所示。

制作投影。使用"椭圆工具"绘制宽度为174像素，高度为26像素的椭圆，填充颜色为深灰色。执行"滤镜"→"模糊"→"高斯模糊"命令，透明度降低至"33"，如图3-55所示。阴影效果如图3-56所示。

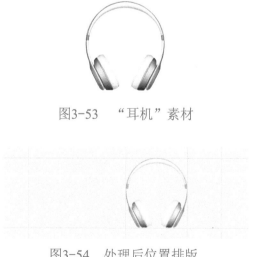

图3-53 "耳机"素材

图3-54 处理后位置排版

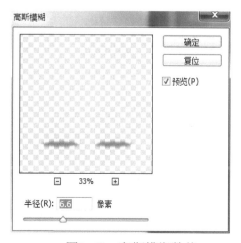

图3-55 高斯模糊数值

3 排版文案。插入文字"化繁为简臻于无形"，设置字体为"黑体，44像素，行距0"，颜色设置为#ad8464，效果如图3-57所示。

插入文字"THE SOUND QUALITY PATENT"，设置字体为"Ebrima，粗体，55像素，行距56，字距5"，颜色分别设置为#a2a2a2和#ea5504，效果如图3-58所示。

插入文字"RUNNING IN MUSIC ENJOYMENT"，设置字体为"[STXihei]，16像素，字距5"，颜色设置为#a2a2a2，如图3-59所示。插入文字"SHOP NOW"，设置字体为"[STXihei]，16像素，字距5"，颜色设置为#a2a2a2，效果如图3-60所示。

图3-56　阴影形状

⬛4 制作装饰元素。使用"钢笔工具"绘制一条直线，描边为1，颜色设置为#ea5504，效果如图3-61所示。使用"矩形工具"绘制一个宽度为149像素，高度为37像素的长方形，描边为2，填充为白色，效果如图3-62所示。

图3-57　文字设置效果

图3-58　文字设置效果

图3-59　文字设置效果

图3-60　文字设置效果

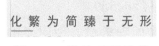

图3-61　装饰元素效果

图3-62　装饰元素效果

使用"椭圆工具"绘制一个正圆，描边为2，透明度设置为52，颜色设置为#ff6600，效果如图3-63所示。

将该正圆复制两个，排成一行垂直居中，间距为7。调整透明度，其中一个透明度设置为35，另一个透明度设置为10，效果如图3-64所示。

⬛5 最终效果如图3-65所示。

图3-63　装饰元素效果　　图3-64　装饰元素效果

图3-65　最终效果

4. 推荐图制作

⬛1 使用"矩形工具"绘制宽度为501像素，高度为325像素的矩形。将其复制5个，依次按照"上三下三"的组合排列，效果如图3-66所示。

2 处理素材。选取如图3-67所示素材。将图中素材剪贴至制作好的黑色矩形中，位置大小如图3-68所示。

图3-66 组合排列　　　　　　　　　图3-67 素材　　　　　　　　　图3-68 剪贴排列

3 文案设置。插入文字"科技新品""热卖精选""网络专供"，设置字体为"AdobeHeiti Std，28像素，字距0"，颜色设置为黑色。插入文字"NEW ARRIVAL""HOT FROMOTION""MAKE A STUNNING"，设置字体为"084，22像素，字距0"，颜色设置为黑色。插入文字"DIFFERENT"，设置字体为"084，22像素，字距0"，颜色设置为#bc7046。插入文字"TECHNOLOGY""20%OFF"，设置字体为"047，37像素，字距0"，颜色设置为#bc7046。插入文字"Online for"，设置字体为"047，37像素，字距0"颜色设置为黑色。插入文字"Suspension"，设置字体为"087，48像素，字距0"，颜色设置为#313232。整体效果如图3-69所示。

4 最终效果如图3-70所示。

图3-69 文案设置整体效果　　　　　　　　　　图3-70 最终效果

5. 资讯图制作

1 规划排版。使用"矩形工具"绘制宽度为554像素，高度为309像素的矩形，对话框如图3-71所示。将其复制一个，垂直居中排列，效果如图3-72所示。

2 加入素材。选取如图3-73所示素材。剪贴至黑色矩形之上，效果如图3-74所示。

sucai4　　　　　sucai5

图3-71 参数设置　　　　图3-72 规划排版效果　　　　图3-73 素材

3 制作小标题。使用"矩形工具"绘制宽度为158像素，高度为50像素的矩形，对话框如图3-75所示，颜色设置为#bc7046，放置位置如图3-76所示。

4 文案设置。插入文字"MAY 10，2017"，设置字体为"Geometr415BLK BT，18像素，字距0"，颜色设置为白色。插入文字"省下一部IPHONE7 的钱，我们可以做什么？""燃，是一种怎样的体验？"，设置字体为"SourceHanSansCN Mediun，16像素，0字距"，颜色设置为黑色。

图3-74　加入素材效果　　　图3-75　参数设置　　　图3-76　放置位置

插入文字"9月IPHONE7强势上新，瞬间掩盖了9.5魅族MAX的风头，在苹果的大事记上又添了一笔，虽然相较于前代并没有引以为傲的改进和颠覆性创新，但还是引起了一波购机热潮和话题营销，直接导致iphone 6s价格呈曲线下跌"，设置字体为"SourceHanSansCN Mediun，14像素，字距0"，颜色设置为#999999。

插入文字"（500），（100），（100），By：Laura"，设置字体为"SourceHanSansCN Mediun，14像素，字距0"，颜色设置为#a0a0a0。插入文字"Read more"，设置字体为"SourceHanSansCN Mediun，12像素，字距0"，颜色设置为#bc7046。整体效果如图3-77所示。

图3-77　文案设置整体效果

5 元素制作。使用"矩形工具"绘制宽度和高度均为10像素的矩形，参数设置如图3-78所示。将形状旋转45°，效果如图3-79所示。使用"椭圆工具"10像素的正圆，复制一个，与正方形合并形状，放置位置如图3-80所示。颜色设置为#a0a0a0。

图3-78　参数设置　　　图3-79　旋转效果图　　　图3-80　放置位置

使用"椭圆工具"绘制宽度为11像素，高度为8像素的椭圆，再使用"多边形形状工具"绘制宽度为5.5像素，高度为5.5像素的等边三角形，合并形状，颜色设置为#a0a0a0。元素制作效果如图3-81所示。

使用"椭圆工具"绘制高度和宽度均为3像素的正圆，复制成3个。使用"钢笔工具"绘制两条连接圆形的线，描边为0.5，组合排列，如图3-82所示，颜色设置为#a0a0a0。使用"钢笔工具"绘制一个头像，具体形状如图3-83所示，颜色设置为#a0a0a0。使用"自定义形状工具"的箭头形状绘制箭头，大小如图3-84所示，颜色设置为#bc7046。

图3-81　元素制作效果　　图3-82　元素制作效果　　图3-83　元素制作效果　　图3-84　元素制作效果

6 标题制作。插入文字"THE NEWS"，设置字体为"047，30像素，字距0"，颜色设置为#424242。插入文字"行业头条"，设置字体为"SourceHanSansCN Regular，18像素，字距100"，颜色设置为#bc7046。使用"钢笔工具"绘制宽度为86像素，高度为2像素的长方形，颜色设置为#bc7046。整体效果如图3-85所示。

图3-85　整体效果

7 按钮制作。使用"圆角矩形工具"绘制宽度为70像素，高度为25像素，圆角半径为5的圆角矩形，描边为0.5，对话框如图3-86所示，颜色设置为#a0a0a0。插入文字"MORE"，设置字体为"066，12像素，字距0"，颜色设置为#a0a0a0。整体效果如图3-87所示。

图3-86　参数设置　　　　图3-87　效果图

8 最终效果如图3-88所示。

图3-88　最终效果

6. 页尾制作

1 使用"矩形工具"绘制宽度为1920像素，高度为394像素的矩形，颜色设置为

#161616，矩形效果如图3-89所示。

2 企业信息文字排版，效果如图3-90所示。

图3-89　矩形效果　　　　　　　　　　　图3-90　企业信息文字排版效果

插入文字"问题中心""企业信息""联系我们"，设置字体为"微软雅黑，14点，Bold（加粗）"，颜色设置为"#424242"，如图3-91所示。插入文字"QUESTION？""INFORMATION""CONNECT US"，设置字体为"微软雅黑，12点"，颜色设置为"424242"，如图3-92所示。

3 标题文字位置排版，效果如图3-93所示。

图3-91　参数设置　　　　图3-92　参数设置　　　图3-93　标题文字位置排版效果

4 公司信息文字排版。插入文字"电话号码：4006-971-972　深圳市宝安区航城大道西乡光电研发大厦二楼　销售热线：0755-2729 6565　公司总机：0755-2775 9293　图文传真：0755-2788 8009"，设置字体为"微软雅黑，14点，行距28.61"，颜色设置为#424242，如图3-94所示。

5 文字与图形对齐。使用"椭圆工具"绘制一个椭圆，参数设置如图3-95所示。按<Shift>键选取两个图层，如图3-96所示。执行"移动工具"→"垂直居中对齐"➕命令，效果如图3-97所示。

图3-96　图层选取

图3-94　参数设置　　　　图3-95　参数设置　　　图3-97　文字与图形对齐效果

6 组合对齐。按<Shift>键选取图层，执行"移动工具"→"垂直居中分布"☰命令。用同样的方法对其他文字排版，效果如图3-98所示。最终效果如图3-99所示。

7 图标与辅助文字制作。图标文字颜色统一设置为#9b9b9b。

1）图标"正品保证"。使用"钢笔工具"绘制一个半圆。插入文字"正"，设置字体为"微软雅黑，14点"。插入文字"正品保证"，设置字体为"微软雅黑，8点"。最后合并图层，效果如图3-100所示。

图3-98 组合效果 图3-99 最终效果

2）图标"正规发票"。插入文字"正规发票"，设置字体为"微软雅黑，8点"。使用"圆角矩形工具"绘制矩形，效果如图3-101所示，参数设置如图3-102所示。

图3-100 图标"正品 图3-101 矩形效果
保证"效果

按<Ctrl+J>组合键复制图层。按组合键<Ctrl+T>，使用"自由变换工具"绘制图标结构。图标中三条杠的参数设置分别如图3-103～图3-105所示。

图3-102 参数设置 图3-103 参数设置 图3-104 参数设置 图3-105 参数设置

使用"圆角矩形工具"绘制图标辅助元素，参数设置如图3-106所示。使用"圆角矩形工具"绘制图标辅助元素，效果如图3-107所示，参数设置如图3-108所示。

图3-106 参数设置 图3-107 图标辅助元素效果 图3-108 参数设置

使用"矩形工具"绘制一个效果如图3-109所示的矩形，参数设置如图3-110所示。按组合键<Ctrl+T>，使用"自由变换工具"将矩形旋转45°，效果如图3-111所示。

图3-109　图标辅助元素效果

使用"直接选择工具"选取下面的相应顶点，然后删除图形的上半部分，效果如图3-112所示。

将辅助元素进行组合，图标效果如图3-113所示。将图标与文字组合，图标"正规发票"的效果如图3-114所示。

图3-111　图标辅助元素效果

图3-113　图标效果

图3-110　参数设置　　　　图3-112　图标辅助元素效果　　图3-114　图标"正规发票"效果

3）图标"全场包邮"。使用"圆角矩形工具"绘制矩形，参数设置如图3-115所示。矩形绘制效果如图3-116所示。

使用"圆角矩形工具"绘制效果如图3-117所示的矩形，参数设置如图3-118所示。

图3-116　矩形效果

图3-115　参数设置　　　　图3-117　矩形效果　　　　图3-118　参数设置

使用"椭圆工具"绘制效果如图3-119所示的椭圆，参数设置如图3-120所示。最后，使用"钢笔工具"把车头还有剩余部分绘制出来即可。插入文字"全场包邮"，设置字体为"微软雅黑，8点"，效果如图3-121所示。

图3-119　椭圆效果

4）图标"专业服务"。使用"椭圆工具"绘制效果如图3-122所示的椭圆，参数设置如图3-123所示。

使用"钢笔工具"绘制其余的部分。插入文字"专业服务"，设置字体为"微软雅黑，8点"，效果如图3-124所示。

5）图标"收藏店铺""返回顶部"。使用"圆角矩形工具"绘制效果如图3-125所示的矩形，参数设置如图3-126所示。

图3-121　图标"全场
包邮"效果

图3-120　参数设置

图3-122　椭圆效果

图3-124　效果图

图3-123　参数设置　　图3-125　效果图　　图3-126　参数设置

使用"自定义图形工具"选取如图3-127所示的心形图形。插入文字"收藏店铺"，设置字体为"微软雅黑"，大小为"8点"，位置排序如图3-128所示。

用同样的方法制作"返回顶部"图标，效果如图3-129所示。

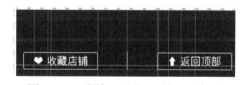

图3-127　心形图形效果　　图3-128　图标"收藏店铺"效果　　图3-129　图标"返回顶部"效果

最终效果如图3-130所示。

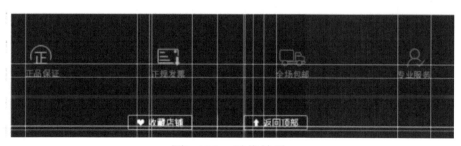

图3-130　最终效果

8 页尾文字设计与排版。插入文字"ALL AUDIO"，参数设置如图3-131所示。插入文字"为客户提供专业的音频解决方案"，参数设置如图3-132所示。插入文字"WITH PROFESSIONAL EQUIPMENT TO PRESENT YOUR WONDERFUL LIFE""THE OFFICIAL

AUTHENTIC PROFESSIONAL AUDIO EQUIPMENT OPERATORS ALL AUDIO2016"，参数
设置如图3-133所示。

图3-131　参数设置　　　　图3-132　参数设置　　　　图3-133　参数设置

将页尾文字组合排版，如图3-134所示。页尾文字排版效果图如图3-135所示。

图3-134　组合排版

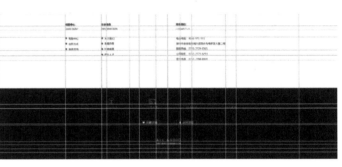

图3-135　页尾文字排版效果

最终效果如图3-136所示。

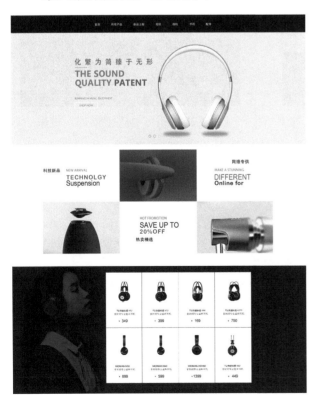

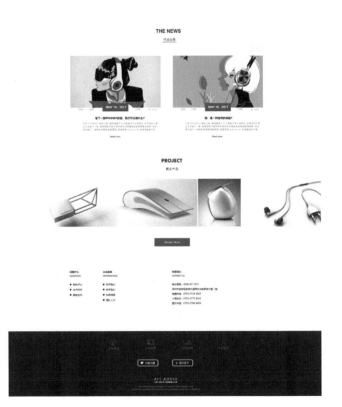

图3-136　最终效果

任务 2 商品详情页面设计

任务分析

设计师小寒根据主页的风格设定，确定整体风格为简洁、高效，由此开始进行商品详情页面的设计。在设计过程中应注意商品的展示与排版。

任务实施

1．新建文档

启动Photoshop软件，打开"新建"对话框，设置宽度为1974像素，高度为9325像素，分辨率为72像素/英寸，颜色模式为RGB颜色，如图3-137所示。

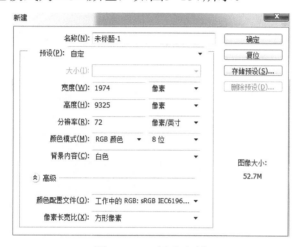

图3-137　新建文档

2．购买界面绘制

1 使用"矩形工具"绘制一个宽度为999像素，高度为517像素的白色矩形，对话框如图3-138所示，效果如图3-139所示。

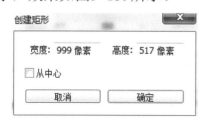

图3-138　创建矩形　　　　　　　　　　　图3-139　制作白色矩形

2 制作展示图。用"钢笔工具"抠取耳机素材，按组合键<Ctrl+T>变换大小。制作投影，使用"椭圆工具"绘制宽度为174像素，高度为26像素的椭圆，填充为深灰色。

执行"滤镜"→"模糊"→"高斯模糊"命令，透明度降低至"33"，对话框如图3-140所示。阴影效果如图3-141所示。

3 制作线框。使用"矩形工具"绘制边长为1735像素的正方形，对话框如图3-142所示，填充颜色设置如图3-143所示。

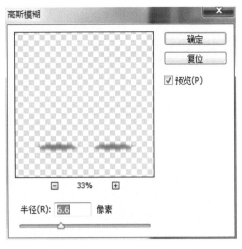

图3-141 阴影形状

图3-140 高斯模糊数值　　　　　　图3-142 制作线框

4 制作查找图标。首先使用"矩形工具"绘制边长为151像素的正方形，颜色设置为
R=204、G=204、B=204；接着使用"椭圆工具"绘制直径为82像素的正圆形，在同一图层复制一个，设置"排除重叠形状"，颜色设置为R=243、G=241、B=238；最后使用"圆角矩形工具"绘制宽度为24像素，高度为61像素，半径为5像素的圆角矩形，颜色设置为R=243、G=241、B=238。

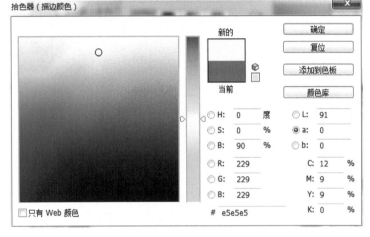

图3-143 填充颜色

5 制作展示图。复制两张耳机素材，使用"色相/饱和度"将其中一个素材调色至蓝色，参数设置如图3-144所示。另一个素材不变。按<Ctrl+T>组合键变换大小，放置位置如图3-145所示。接着使用"矩形工具"绘制边长为289像素的正方形，不填充只描边6像素，颜色设置为R=227、G=57、B=60。最后使用"文字工具"输入"<>"字符，设置为"微软雅黑，粗"，颜色设置R=223、G=223、B=223。

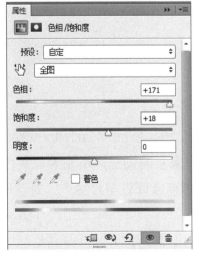

图3-144 参数设置

图3-145 放置位置

6 制作小图标。首先使用"椭圆工具"绘制两个正圆，使用"矩形工具"绘制一个正方形，将两者合并在一形状内，调整大小位置，形成一个心形形状，关注图标效果如图3-146所示。

接着使用"椭圆工具"绘制3个正圆，使用"钢笔工具"绘制一条折角为90°，描边3像素的线段，调整大小位置，分享图标效果如图3-147所示。

最后使用"矩形工具"绘制宽度为12像素，高度为37像素的长方形，使用"多边形工具"绘制一个直角三角形，将它们合并在一形状内，调整大小位置，复制一个进行垂直翻转，使用"垂直居中"使两者对齐，对比图标效果如图3-148所示。

图3-146　关注图标	图3-147　分享图标	图3-148　对比图标

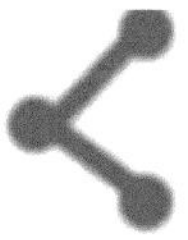

以上图形颜色设置为R=227、G=57、B=60。插入文字"关注""分享""对比""举报"，设置字体为"微软雅黑，细，26像素"，效果如图3-149所示。文字颜色设置为R=91、G=91、B=91。

图3-149　效果图

3．选购数据制作

1 绘制京东精选。首先使用"矩形工具"绘制宽度为219像素，高度为65像素的长方形，颜色设置为R=67、G=67、B=67。接着使用"矩形工具"绘制宽度为107像素，高度为65像素的长方形，颜色设置为R=238、G=197、B=50，描边为2像素，颜色设置为R=67、G=67、B=67。最后插入文字"京东精选"，设置字体为"方正综艺体，35像素，80字距"，"京东"颜色设置为白色，"精选"颜色设置为R=67、G=67、B=67，效果如图3-150所示。

2 文案制作。首先插入文字"FIIL 随身星 Driifter 香槟金 头戴式 蓝牙无线耳机 脖挂式 手机耳机 磁吸 带麦可通话"，设置字体为"Abode Heiti Std，48像素，50字距"，颜色设置为R=62、G=62、B=62；接着插入文字"【新无线主义】拉开接听电话，吸合挂机，释放双手，充电快，待机长，11小时左右续航"，设置字体为"Abode Heiti Std，37像素，10字距"，颜色设置为R=223、G=24、B=27，效果如图3-151所示。

图3-150　绘制京东精选	图3-151　文案制作

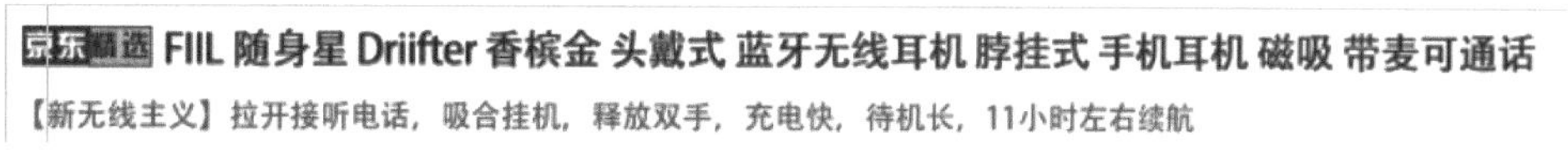

3 绘制京东价。首先使用"矩形工具"绘制宽度为2798像素，高度为279像素的矩形，颜色设置为R=229、G=229、B=229；插入文字"京东价"，设置字体为"Abode Heiti Std，31像素，200字距"，颜色设置为R=107、G=115、B=125。

接着插入文字"￥499.00"，设置字体为"微软雅黑，细，56像素，10字距"，颜色设置为红色。插入文字"降价通知"，设置字体为"微软雅黑，细，40像素，10字距"，颜色设置为R=0、G=71、B=251。插入文字"¥459.00"，设置字体为"微软雅黑，细，40像素，10字距"，颜色设置为黑色。

制作PLUS小图标，使用"矩形工具"绘制宽度为125像素，高度为43像素的长方形，使用"钢笔工具"绘制一个小三角形，颜色设置为R=65、G=65、B=65。插入文字"PLUS"，设置字体为"微软雅黑，粗，26像素，10字距"，投影参数设置如图3-152所示，颜色设置为R=255、G=243、B=141。

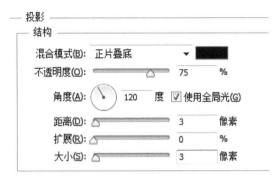

图3-152　投影参数设置

插入文字"PLUS会员专享价"，设置字体为"微软雅黑，细，26像素，10字距"，颜色设置为R=65、G=65、B=65。插入文字"银牌及以上用户开通PLUS可享限时优惠>>"，设置字体为"微软雅黑，细，28像素，10字距"，颜色设置为R=255、G=243、B=141。

使用"钢笔工具"绘制一条竖线，描边为"虚线3"，颜色设置为R=179、G=181、B=190。

插入文字"累计评价"，设置字体为"微软雅黑，细，28像素，10字距"，颜色设置为R=179、G=181、B=190。插入文字"2800+"，设置字体为"微软雅黑，细，28像素，10字距"，颜色设置为R=255、G=243、B=141，效果如图3-153所示。

图3-153　效果图

4 首先插入文字"增值业务"，设置字体为"Abode Heiti Std，31像素，200字距"，颜色设置为R=107、G=115、B=125。接着制作换旧图标，使用"椭圆工具"绘制直径为37像素的正圆，颜色设置为R=94、G=105、B=173。再用"钢笔工具"绘制两条圆弧，设置为"描边2"。复制两个正圆，调整位置大小如图3-154所示，颜色设置为白色。最后插入文字"以旧换新，回收换钱"，设置字体为"微软雅黑，细，15像素，0字距"，颜色设置为R=94、G=105、B=173，效果如图3-155所示。

图3-154　位置大小

图3-155　效果图

5 插入文字"配送至"，设置字体为"Abode Heiti Std，31像素，200字距"，颜色设置为R=94、G=105、B=173。插入文字"北京朝阳区三环以内"，设置字体为"黑体，25像素，5字距，加粗"，颜色设置为R=111、G=111、B=111。使用"钢笔工具"绘制一根折角为90°向下的线段，颜色设置为R=111、G=111、B=111。插入文字"有货"，设置字体为"黑体，24像素，5字距，加粗"，颜色设置为R=137、G=139、B=142。

插入文字"支持"，设置字体为"黑体，24像素，5字距，加粗"，颜色设置为R=111、G=111、B=111。

插入文字"99元免基础运费（20kg内）""货到付款""京准达""夜间配"，设置字体为"微软雅黑，细，22像素，0字距，加粗"，颜色设置为R=94、G=105、B=173。

　　使用"钢笔工具"绘制一条线段，设置为"描边1.5"，复制两次，调整位置大小，颜色设置为R=220、G=220、B=220。

　　使用"钢笔工具"绘制一根折角为90°向下的线段，颜色设置为R=111、G=111、B=111，效果如图3-156所示。

99元免基础运费（20kg内）　　货到付款　京准达　夜间配　∨

图3-156　效果图

　　插入文字"由　　　发货，并提供售后服务。23:00前下单，预计明天（06月04日）送达"，设置字体为"黑体，24像素，0字距，加粗"，颜色设置为R=157、G=157、B=157。插入文字"京东"，设置字体为"黑体，22像素，0字距，加粗"，颜色设置为红色，效果如图3-157所示。

　　6　插入文字"重量"，设置字体为"Abode Heiti Std，31像素，200字距"，颜色设置为R=107、G=115、B=125。插入文字"0.155kg"，设置字体为"黑体，25像素，5字距"，颜色设置为R=111、G=111、B=111。效果如图3-158所示。

配　送　至　　北京朝阳区三环以内　∨　有货　　支持　99元免基础运费（20kg内）　　货到付款　京准达　夜间配　∨　　　　　重　　量　0.155kg
由京东发货，并提供售后服务 23:00前下单，预计明天（06月04日）送达

图3-157　效果图　　　　　　　　　　　　　　图3-158　效果图

　　7　选择颜色。插入文字"选择颜色"，设置字体为"Abode Heiti Std，31像素，200字距"，颜色设置为R=107、G=115、B=125。使用"矩形工具"绘制宽度为436像素，高度为186像素的矩形，颜色填充为R=243、G=241、B=238，描边1.5，颜色填充为R=191、G=191、B=191。

　　使用"矩形工具"绘制宽度为166像素，高度为177像素的矩形，颜色填充为白色。以上图形组合排列后复制一个，右边描边颜色改为红色，组合排列后如图3-159所示。

　　将购物界面绘制中的两个耳机素材复制一层，调整大小，蓝色放左边，金色放右边，效果如图3-160所示。

图3-159　组合排列后　　　　　　　　　　　图3-160　效果图

　　插入文字"灵动蓝""香槟金"，设置字体为"黑体，28像素，0字距"，颜色设置为R=63、G=66、B=72，效果如图3-161所示。

图3-161　效果图

　　8　插入文字"增值保障"，设置字体为"Abode Heiti Std，31像素，200字距"，颜色设

置为R=243、G=241、B=238。使用"矩形工具"绘制宽度为526像素，高度为79像素的矩形，颜色填充为R=243、G=241、B=238，描边1.5，其颜色填充为R=191、G=191、B=191。

使用"钢笔工具"绘制一根折角为90°向下的线段，颜色设置为R=111、G=111、B=111。将以上形状组合排列，复制两层，效果如图3-162所示。

图3-162　效果图

插入文字"全保修2年 ¥35""换新保2年 ¥22""意外换新保 ¥35"，设置字体为"黑体，29像素，0字距"，颜色设置为R=93、G=94、B=97，效果如图3-163所示。

图3-163　效果图

制作全保修小图标，使用"圆角矩形工具"绘制宽度为53像素，高度为35像素，圆角半径为5像素的圆角矩形，描边1.5，其颜色设置为R=29、G=32、B=136，填充颜色为R=243、G=241、B=238。

使用"圆角矩形工具"绘制宽度为18像素，高度为10像素，圆角半径为5像素的圆角矩形，描边1.5，颜色设置为R=29、G=32、B=136。

使用"椭圆工具"绘制两个正圆，使用"矩形工具"绘制一个正方形，合并在同一形状内，调整大小位置，形成一个心形形状，颜色设置为R=29、G=32、B=136，效果如图3-164所示。

制作换新保小图标，使用"椭圆工具"绘制一个正圆，使用"钢笔工具"添加两个描点，删除描点中间的线段，弧线描边为2。使用"钢笔工具"绘制一条折角为90°的线段，描边为2，再使用"椭圆工具"绘制一个正圆，调整大小位置，颜色设置为R=29、G=32、B=136，效果如图3-165所示。

图3-164　全保修小图标　　图3-165　换新保小图标

制作意外换新保小图标，使用"钢笔工具"绘制出图标形状，描边为2像素，颜色设置为R=29、G=32、B=136。全部小图标效果如图3-166所示。

图3-166　小图标效果

制作问号图标，使用"椭圆工具"绘制直径为47像素的正圆，颜色设置为R=179、G=181、B=190。插入文字"？"，设置字体为"微软雅黑，细，28像素，0字距"，颜色设置为白色。效果如图3-167所示。

图3-167　问号图标效果

9 白条分期图标。插入文字"白条分期"，设置字体为"Abode Heiti Std，31像素，200字距"，颜色设置为R=255、G=243、B=141。使用"矩形工具"绘制宽度为218像素，高度为99像素的矩形，以及宽度为344像素，高度为99像素的矩形，将宽度为344像素，高度为99像素的长方形复制一层，颜色填充为R=243、G=241、B=238，描边为1.5，颜色填充为R=191、G=191、B=191。组合排列效果如图3-168所示。

图3-168 组合排列效果

插入文字"不分期""¥166.33×3期""¥87.17×6期""¥42.83×12期""¥23.29×24期"，设置字体为"微软雅黑，细，29像素，0字距"，颜色设置为R=93、G=94、B=97。

制作优惠和问题小图标，使用"椭圆工具"绘制直径为47像素的正圆，颜色设置为R=255、G=70、B=6。插入文字"惠"，设置字体为"微软雅黑，细，28像素，0字距"，颜色设置为白色。使用"椭圆工具"绘制直径为47像素的正圆，颜色设置为R=170、G=181、B=191。插入文字"？"，设置字体为"微软雅黑，细，28像素，0字距"，颜色设置为白色。

效果如图3-169所示。

图3-169 优惠和问题小图标效果

🔟 加入购物车。使用"钢笔工具"绘制一条长度为2129像素的虚线，颜色设置为R=220、G=220、B=220。

插入文字"1＋－"，设置字体为"微软雅黑，细，33像素，0字距"，颜色设置为黑色。

插入文字"加入购物车"，设置字体为"微软雅黑，粗，53像素，10字距"，颜色设置为白色。

使用"矩形工具"绘制宽度为292像素，高度为193像素的矩形，不填充颜色，描边为3，颜色设置为R=179、G=181、B=190。使用"矩形工具"绘制宽度为77像素，高度为96像素的矩形，填充颜色为R=220、G=220、B=220，描边为3，颜色设置为R=179、G=181、B=190。复制一层，组合排列效果如图3-170所示。

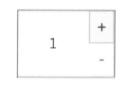

图3-170 组合排列效果

使用"矩形工具"绘制宽度为576像素，高度为193像素的矩形，填充颜色为R=223、G=48、B=51。

插入文字"温馨提示 不支持7天无理由退货"，设置字体为"黑体，28像素，0字距"，颜色设置为R=137、G=139、B=142。

最终效果如图3-171所示。

图3-171 最终效果

4．详情制作

1 制作详情第一页展示。

大致范围的宽度为1982像素，高度为2533像素，如图3-172所示。处理耳机素材，执行"选取工具"→"色彩范围"命令扣取素材，按<Ctrl+T>组合键变换大小位置，效果如图3-173所示。

制作投影。新建图层，按住<Ctrl>键单击耳机素材图层，出现选区，填充为黑色，高斯模糊半径为5像素，如图3-174所示，图层模式为"正片叠底"，不透明度为44，按<Ctrl+T>组合键调整位置大小，效果如图3-175所示。

图3-172 大致范围　　　图3-173 扣取图像　　　图3-174 参数设置　　　图3-175 效果图

插入文字"爱乐"，设置字体为"方正细圆简体，185像素，0字距"，颜色设置为R=218、G=170、B=98。

插入文字"头戴式耳机"，设置字体为"方正细圆简体，72像素，0字距"，颜色设置为R=132、G=102、B=77。

使用"钢笔工具"绘制一条倾斜的短线段，颜色设置为R=218、G=170、B=98。使用"圆角矩形工具"绘制宽度为399像素，高度为140像素，半径为10像素的圆角矩形，不填充颜色，描边为0.72，颜色填充为R=216、G=216、B=216。

插入文字"MUSIC"，设置字体为"方正细圆简体，57像素，0字距"，插入文字"STEREO HEADPHONE"，设置字体为"方正细圆简体，26像素，100字距"，颜色设置为R=142、G=141、B=141。使用"椭圆工具"绘制直径为86像素的正圆，复制一层，一个颜色填充为R=218、G=170、B=98；另一个颜色填充为R=132、G=102、B=77。效果如图3-176所示。

图3-176 效果图

使用"矩形工具"绘制宽度为1082像素，高度为651像素的矩形，颜色设置为R=132、G=102、B=77。绘制另一个宽度为1025像素，高度为586像素的矩形，不填充颜色，描边为0.72，颜色设置为白色。

插入文字"一款颜值高的耳机"，设置字体为"方正细圆简体，60像素，100字距，加粗"，颜色设置为白色。

使用"钢笔工具"绘制一条长度为726像素的线段，复制一层，颜色设置为白色，调整位置如图3-177所示。最终效果如图3-178所示。

图3-177 调整位置 图3-178 最终效果

2 制作分解图。大致范围的宽度为1982像素，高度为1377像素，如图3-179所示。

使用"矩形工具"绘制宽度为1978像素，高度为597像素的矩形，颜色设置为R=132、G=102、B=77。

使用"矩形工具"绘制宽度为1685像素，高度为902像素的矩形，颜色设置为白色，绘制另一个宽度为1565像素，高度为800像素的矩形，不填充颜色，描边为0.72，颜色设置为R=216、G=216、B=216，效果如图3-180所示。

图3-179 大致范围 图3-180 效果图

处理零件素材。执行"选区"→"色彩范围"命令抠取素材，按<Ctrl+T>组合键调整位置大小，放置在页面中的效果如图3-181所示。

插入文字"优质铜线，高性能磁铁"，设置字体为"方正细圆简体，51像素，0字距"，插入文字"不同头型的使用者可调节至达到最佳离线的效果"，设置字体为"方正细圆简体，30像素，0字距，加粗"，颜色设置为R=79、G=79、B=79。最终效果如图3-182所示。

图3-181 放置在页面中的效果 图3-182 最终效果

3 制作耳麦展示图。大致范围的宽度为1974像素，高度为2232像素，如图3-183所示。使用"矩形工具"绘制宽度为974像素，高度为934像素的矩形，复制一层，一个颜色设置为R=237、G=237、B=237，另一个颜色设置为R=218、G=170、B=98，放置在页面中的位置如图3-184所示。处理数据线素材，执行"选区"→"色彩范围"命令抠取图像，放置在页面中，效果如图3-185所示。

图3-183 大致范围　　　图3-184 放置在页面中的位置　　　图3-185 放置在页面中的效果

插入文字"优质铜线高性能磁铁声"，设置字体为"黑体，50像素，0字距，加粗"，插入文字"不同头型的使用者可调节支臂达到最佳离线的效果"，设置字体为"黑体，35像素，0字距，加粗"，插入文字"优质铜线高性 能磁铁声"，设置字体为"黑体，60像素，0字距"，插入文字"不同头型的使用者可调节支达到最佳"，设置字体为"黑体，35像素，0字距，加粗"，颜色设置为R=79、G=79、B=79。

使用"矩形工具"绘制宽度为826像素，高度为3.5像素的矩形，颜色填充为R=79、G=79、B=79。

复制一层，放置在页面中的效果如图3-186所示。

图3-186 效果图

4 制作结束页面。大致范围的宽度为1974像素，高度为2373像素，如图3-187所示。使用"矩形工具"绘制宽度为1974像素，高度为182像素的矩形，颜色设置为R=132、G=102、B=77。使用"矩形工具"绘制宽度为1700像素，高度为1004像素的矩形和宽度为615像素，高度为566像素的矩形，颜色设置为R=218、G=170、B=98，效果如图3-188所示。

将人像素材剪贴至中间的矩形位置，如图3-189所示。

使用"矩形工具"绘制宽度为409像素，高度为379像素的矩形，不填充颜色，描边为2.16，颜色设置为白色。使用"钢笔工具"绘制一条短线段，倾斜30°，描边为8，颜色设置为白色，效果如图3-190所示。插入文字"MUMA HEADSET ACCESSORIES"，设置字体为"[FuturaBT]，30像素，700字距"，颜色设置为R=235、G=224、B=204，插入文字"Thanks"，设置字体为"黑体，43像素，0字距"，颜色设置为白色。

图3-187 大致范围图　　图3-188 效果图

效果如图3-191所示。整体最终效果如图3-192所示。

图3-189　剪贴后效果图　　　图3-190　效果图　　　图3-191　效果图

图3-192　整体最终效果图

必备知识

1. 网页界面的构成

网页界面包括网站Logo、导航栏、Banner、内容栏和版尾。

Logo的大小标准：88×31为普通规格；120×60为一般大小规格；120×90为大型Logo。好的Logo所具备的条件：符合国际标准，精美独特，兼容网站风格，能体现网站类型。

导航栏是索引网站内容和快速访问所需内容的辅助工具。同级项目数以3～7项为宜。

Banner是可由图像、文字、动画结合而成的网页栏目，主要作用是展示网站的广告内容。

内容栏是网页内容的主体，由一个或多个子栏组成，包含网站提供的所有信息和服务项目。内容可以是文字、图像，或者两者相结合。

版尾可以申明版权、法律依据及各种提示信息。版权的书写应符合所在国家的法律依据，以及遵循一般书写习惯。

除此之外，版尾处可以提供一个导航条，为将页面滚动到底的用户提供一个导航方式。

2．网页版式设计的基本内容

（1）网页的标题设计　好的标题设计可令人赏心悦目，能形成网页的整体风格。标题所在的栏目一般在网页的上方，并左右贯穿整个网页。标题的背景可以使用动态或静态的图片，主要由网页的交互式特性决定。

（2）文字的编排　通常情况下，适合网页正文显示的文字大小在12磅左右。然而，在很多综合性网站中，由于在一个页面中安排的内容较多，字号通常采用9磅。

在同一页面中，字体种类少，则版面雅致，有稳定感；字体种类多，则版面活跃，丰富多彩。关键是如何根据页面内容来掌握这个比例关系。从加强平台无关性的角度来考虑，正文最好采用默认字体。如果必须用到特殊字体，那么可以将文字制成图片。

通常字号与行距的比例应为字号8点，行距10磅，即8:10。但对于一些特殊的版面而言，字距与行距的加宽或紧缩，更能体现主题的内涵。所以说字距和行距不是绝对的，得根据实际情况而定。

强调文字有三种常见形式：第一种是行首强调，又称为下坠式，有吸引视线、装饰和活跃版面的作用；第二种是引文强调，引文概括了一个段落、章节或者全文的大意，所以需要给予特殊位置来强调；第三种是个别文字强调，将个别文字作为页面的诉求重点，可以通过加粗、加下划线等方式强化文字的视觉效果。

（3）图文的结合　在网页的版式设计中，只使用文字并不适合人们长期阅读，所以网页在版式设计上采用图文结合的方式更为恰当。

图文结合主要有两种表现形式：一个是文字匹配图片的形式，图形是网页的主体，文字是辅助存在；另一个是图形匹配文字的形式，要把握图形和文字的关系，根据不同类别的网站灵活搭配。

（4）页面的节奏韵律　页面的节奏韵律需要根据设计的风格和受众的情感综合起来体会。一个音乐类的网站，给人的感觉是轻松欢畅的；一个新闻类网站，给人的感觉是节奏快速的；而一个军事类网站给人的感觉是严肃庄重。所以，这就需要设计者根据内容来选择设计风格。

任务拓展

浏览B&O品牌的电商网站，观察其商品页面并对其商品页面进行再设计。

 项目评价

1．电商平台首页设计项目评价表

电商平台首页设计项目评价表

界面完整度（25分） 背景 创意 状态栏	功能便携齐全（25分） 基本状态信息 主次分明 方便操作	色调整体美观度（25分） 定位明确 色调统一和谐 排版样式简洁美观 风格统一有鲜明特点	制作规范（25分） 尺寸规范 字体字号规范 图标大小规范

2. 学生自我评价表

学生自我评价表

电商平台首页设计项目		拓展项目		学习体会
是否完成（是/否）	所用时间	是否完成（是/否）	所用时间	

备注：学习体会一项的填写需特别注意避免简单的心情描述，需要详细写明通过项目练习所学习到的新的知识及自己感觉难以理解的知识。

3. 企业专家评语

项目企业鉴定表

作品是否通过验收（是/否）	作品鉴定

鉴定公司名称：　　　　　　　　　　　　　　鉴定人：

1. 分析网易云音乐与QQ音乐的主页Banner设计特点。针对健身运动人群制作一款推广运动音乐专辑的Banner广告。

2. 分析苹果主页设计特点，根据年轻人群的特点制作一款推广蓝牙音箱的电商网站主页。

单元小结

　　本单元概括了Banner设计和电商平台首页设计相关基础知识，通过电商网站Banner设计实战项目的完成，熟悉Banner和电商平台首页设计的操作规范，体会Banner和电商平台首页设计的流程。使用Photoshop软件将创意转化为最终设计稿是图标设计中必备的操作技能，Photoshop软件是服务于设计的工具。

　　通过设计师的成长，可以看到UI设计中需要全面掌握网页设计的组成要素、首页设计流程、构图原则以及文案的实现。应在体验助理设计师成长过程的同时掌握必备的设计知识。工具和技术的使用是为了践行设计思想，设计思想的形成需要耐心的观察、认真的思考和灵动的转化，这需要生活中一点一滴的积累。

学习单元4
移动应用界面设计

▶ 单元概述

　　基于Android系统可扩展性的特点，当今各大Android系统手机品牌都有自己的手机主题设计，同时也会在社会上征集具有创意的主题，给自己的品牌注入新鲜的血液，如魅族手机的以"为梦想设计"为主题的手机主题设计。本学习单元中的项目1设定了一个场景，带着读者从需求入手，基于用户的定位，确定手机主题风格，最终确定设计方案。项目2则主要介绍在iOS系统规范的基础上，进行该系统的APP移动界面设计与制作。通过Android系统手机界面和iOS系统手机APP界面的设计制作流程的学习，使读者熟悉移动应用界面设计的流程和设计规范，并对移动应用界面设计形成整体的概念。

▶ 学习目标

1. 能够说出移动应用界面设计制作的流程
2. 通过项目制作，掌握移动应用界面设计的规范
3. 灵活使用Photoshop软件表现界面各元素的质感、纹理及细节

项目1

Android系统手机界面设计

 项目描述

　　E-Design设计公司近期承接某品牌Android系统手机主题桌面设计项目。设计风格采用扁平化设计风格，注重于简约实用，界面的背景多以清新的渐变色为主。经过例会讨论，项目总监将任务分配给α小组由小雨负责，助理设计师小露辅助小雨完成该项目。经过讨论，将所需要设计的手机桌面确定为锁屏界面、时钟界面和日历界面3项功能界面。

　　一款手机主题首先是通过界面将整体风格和营造的氛围传递给用户。界面的视觉设计决定了用户对产品的感受、兴趣，甚至后面的使用情况。小露查看了用户需求文档，重点从界面风格需求、客户使用需求、产品定位需求3个方面进行分析，确定了界面的总体风格为扁平化简约风格，按照Android系统手机开发标准，尺寸定位Android系统手机的适配尺寸。

　　在色彩搭配上，手机产品本身在色彩的还原程度上有一定限制，在选用色彩时根据Android系统手机屏幕进行调节。同时，根据客户使用需求，确定主题颜色，整体搭配清新的色调。

任务 1 手机锁屏界面设计

任务分析

　　α小组设计师小雨接到任务后明确完成任务的流程，首先由小雨明确项目具体需求，随后分析Android系统手机界面的设计情况，之后根据搜集到的资料绘制设计草图，最后在公司例会上以投票的方式确定设计方案。设计方案确定后，助理设计师小露负责方案的成型及细节调整。

任务实施

1. 常规参数设置

　　1 新建文档。启动Photoshop软件，打开"新建"对话框，设置宽度为720像素，高度为1280像素，分辨率为72像素/英寸，颜色模式为RGB颜色，如图4-1所示。

　　2 设置标尺单位。选择菜单"编辑"下找到"首选项"中的"单位与标尺"，会弹出"首选项"对话框，在"单位"中设置标尺单位为"像素"，单击"确定"按钮，如图4-2所示。

　　3 设置参考线。按组合键<Ctrl+R>，在视图区左侧和上方会出现标尺，通过拖拽标尺设置参考线，垂直方向：130px、170px、360px、550px、590px，水平方向：180px、220px、410px、600px、640px、950px，如图4-3所示。

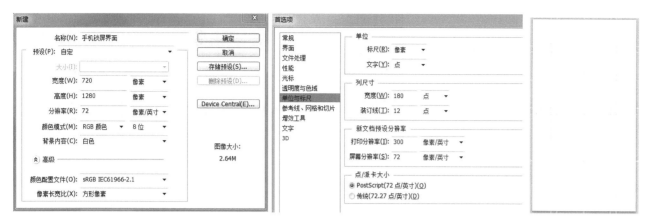

图4-1 新建文档　　　　　　　　图4-2 设置标尺单位　　图4-3 设置参考线

图4-1 新建文档　　　　　　　　图4-2 设置标尺单位　　图4-3 设置参考线

2. 背景设置

1 新建图层1，填充渐变色。使用"渐变填充工具"，进行蓝色渐变填充，如图4-4所示。

2 新建图层2，单击"画笔工具"，设置不同的前景色，在背景界面上进行涂抹，使界面背景色彩更丰富，效果如图4-5所示。新建图层3，继续使用"画笔工具"，设置前景色为绿色（R=0、G=221、B=252），在界面上涂抹，设置图层混合模式为"滤色"，丰富界面背景，效果如图4-6所示。

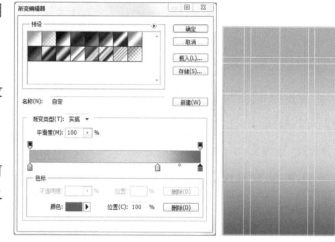

图4-4 填充渐变色

3. 图标绘制

1 绘制图标轮廓。使用"椭圆工具"，设置半径为230像素，在"设置形状类型填充"中指定颜色，按组合键<Shift+Alt>，绘制圆状图形，如图4-7所示。

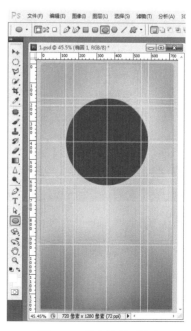

图4-5 涂抹颜色　　　　　图4-6 加涂绿色　　　　　图4-7 绘制图标轮廓

2 设置椭圆1图层样式。双击椭圆1图层，在"图层样式"对话框中，选择"渐变叠加"和"描边"选项并设置相应参数，设置完成后确定。将该图层的"填充"设置为0。效果如图4-8所示。

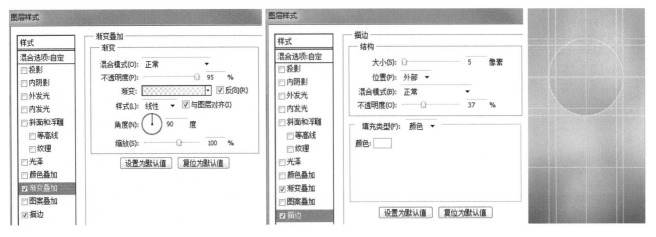

图4-8　设置图层样式

3 绘制图标内部轮廓。接着使用"椭圆工具"，按下\<Alt\>键，创建圆状图形，在"设置形状类型填充"中指定颜色为深蓝色（R=51、G=85、B=95），如图4-9所示。

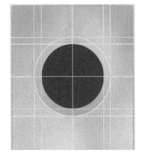

图4-9　绘制椭圆

4 设置椭圆2图层样式。双击椭圆2图层，在"图层样式"对话框中，选择"投影""内阴影"和"外发光"选项并设置相应参数，设置完成后确定。将该图层的"填充"设置为0。设置参数如图4-10所示，完成效果如图4-11所示。

图4-10　设置图层样式

5 绘制内部细节。使用"椭圆工具"绘制椭圆3，调整图形大小和位置后，双击椭圆3图层，在"图层样式"对话框中，选择"外发光""内发光"和"描边"选项并设置相应参数，设置完成后确定。将该图层的"填充"设置为0。设置参数如图4-12所示，完成效果如图4-13所示。

6 复制椭圆3图层，栅格化图层样式。设置图层混合模式为"滤色"，不透明度为40%。隐藏椭圆3图层。按\<Ctrl\>键单击椭圆2图层缩略

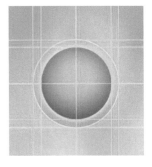

图4-11　内部轮廓效果

图，将其载入选区。单击"添加图层蒙版"按钮，隐藏部分椭圆图像，效果如图4-14所示。

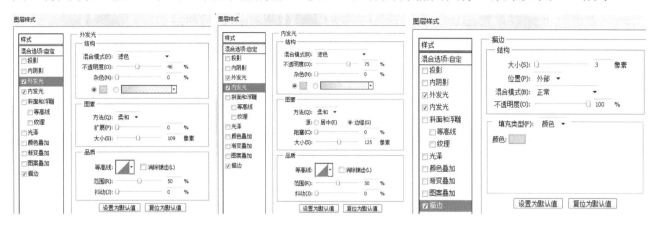

图4-12 设置图层样式

图4-13 设置效果

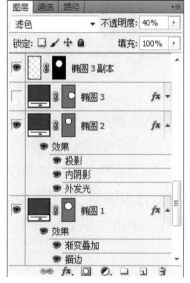

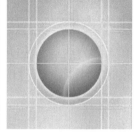

图4-14 副本图层效果

7 复制椭圆3副本图层，调整图像位置到左下角，修改图层蒙版，效果如图4-15所示。

8 添加图标效果，新建图层4，按<Ctrl>键同时单击椭圆2图层缩略图，将其载入选区。单击"渐变工具"，填充深蓝色到透明的线性渐变。设置图层混合模式为"正片叠底"，不透明度为40%，效果如图4-16所示。

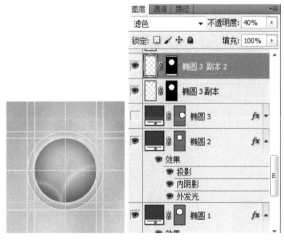

图4-15 椭圆3副本2图层效果

图4-16 图层4效果

9 新建图层5，单击"画笔工具"，设置前景色为蓝色（R=120、G=210、B=230），在图标下方进行涂抹。设置图层混合模式为"叠加"，效果如图4-17所示。

10 加强图标效果，单击"图层面板"上的"创建新的填充和调整图层"按钮，选择"曲线"命令，在其属性面板中设置参数，加深界面色调。具体参数和调整效果如图4-18所示。

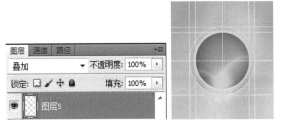

图4-17 图层5效果

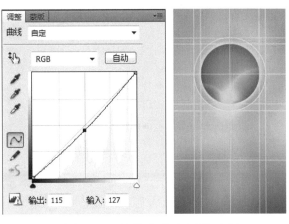

图4-18 具体参数和调整效果

4. 添加界面文字图标

1 在图标中添加日期和星期文字信息。使用"文字工具"，输入相应的文字信息，字体为思源黑体SourceHanSans-Light，字号为偶数，如图4-19所示。

2 添加状态栏文字和图标，左上角输入时间，数字字体为Roboto Light，白色，字号为偶数，右上角绘制WIFI图标、电量数值和图标，如图4-20所示。

3 绘制时钟图标和日历图标。单击"钢笔工具"，绘制出时钟图标和日历图标，完成效果如图4-21所示。

5. 绘制解锁图标

1 绘制锁的图标，用"钢笔工具"绘制图形，将绘制图形组合到图层6中，完成效果如图4-22所示。

2 添加文字。单击"文字工具"，输入"点击解锁"，字体为思源黑体SourceHanSans-Light，白色，字号为32。完成最终效果如图4-23所示。

图4-19 添加图标中文字

图4-21 绘制时钟和日历图标

图4-20 添加状态栏文字和图标

图4-22 绘制锁图案

图4-23 最终效果

必备知识

锁屏界面图标和字体规范

（1）启动图标规范

HOME页或APP列表页图标可以是没有空白的区域的完整图标，也可以是包含空白区域的图标，它的整体大小为48×48dp，48dp代表了触摸的范围，通常把48dp作为可触摸的UI元件的标准，如图4-24所示。

（2）字体大小规范

Android系统开发中的字号单位是sp，而换算关系是sp×ppi/160=px。所以在本任务720×1280像素尺寸的设计稿上，字体大小可选择24px、28px、32px、36px。主要根据文字的重要程度来选择字体大小，特殊情况下也可能选择更大或更小的字体；Android系统规范中的字体大小要求如图4-25所示。

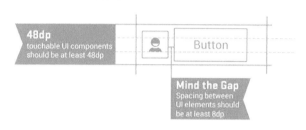

图4-24　图标触摸范围　　　　　　　图4-25　Android系统规范中的字体大小要求

任务拓展

公司近期为参加华为下一届的全球手机主题设计大赛做准备。华为全球主题设计大赛，是由华为主办的一场面向全球设计师的设计美学盛会，截至2021年已成功举办5届，吸引了全球数万名优秀设计师参赛。2021华为全球主题设计大赛以"艺术·突破想象"为题，邀请全球设计师一起探索有关手机美学的未来。这不仅是一场国际设计赛事，更是围绕手机等全新智慧设计领域展开的一场全球美学对话。意在挖掘具有商业价值、美学价值、人文价值的杰出作品，为全球170多个国家和地区，6亿多华为终端用户提供极致视觉美感与交互体验，让消费者每时每刻都能感受到艺术与设计之美。往届优秀参赛作品范例如图4-26所示。

1. 大赛具体设计内容

锁屏1个、图标30个、Widget 3个（天气Widget 1个，图库Widget 1个，音乐Widget 1个）、桌面墙纸1张。

2. 设计要求

（1）锁屏　设计符合主题创意的锁屏样式和锁屏墙纸。华为"百变解锁"可以实现多种样式，锁屏界面上可以支持音乐播放、显示天气预报；并支持直接解锁到达相机、短信等应用，因此请自由发挥想象力和创造力。需考虑锁屏操作时会发生的变化，比如解锁的手势、解锁时引发的界面动画、充电时的提示等；建议配以文字说明。解锁界面墙纸尺寸规格为1080×1920像素。

（2）图标　30个华为EMUI常用图标，包括：应用市场、设置、主题、相机、拨号、联系人、短信、浏览器、图库、音乐、视频、游戏中心、日历、时钟、电子邮件、文件管理、手机管家、手机服务、语音助手、华为商城、天气、计算器、备忘录、录音机、收音机、备份、系统软件更新、下载内容、应用安装、驾驶模式。2个通用图标，包括：文件夹、第三方图标底板，文件夹是放在桌面上的应用合集，需要设计一个文件夹底板。图标实际设计大小请控制在172×172像素范围之内。

（3）Widget　桌面Widget包括默认的3个Widget组合，天气、图库、音乐。Widget添加到桌面时默认为一个尺寸，天气占4×1的网格，图库和音乐各占2×1的网格。模块里可显示的内容和功能是固定的，设计时不能随意删减或添加信息。

（4）桌面壁纸　壁纸尺寸为2160×1920像素（高×宽）。

图4-26　往届优秀参赛作品范例

任务 2　手机时钟界面设计

任务分析

根据客户的喜好确定时钟界面色调，根据搜集到的资料绘制设计草图，确定时钟界面的设计方案。由助理设计师小露负责方案的成型及细节调整。

任务实施

1. 常规参数设置

1 新建文档。启动Photoshop软件，打开"新建"对话框，设置宽度为720像素，高度为1280像素，分辨率为72像素/英寸，颜色模式为RGB颜色，如图4-27所示。

2 设置标尺单位。在菜单下的"编辑"命令下，选择"首选项"中的"单位与标尺"命令，会弹出"首选项"对话框，在"单位"中设置标尺单位为"像素"，单击"确定"按钮，如图4-28所示。

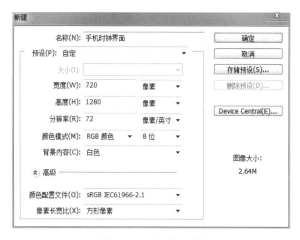

图4-27 新建文档

图4-28 设置标尺单位

3 设置参考线。按组合键<Ctrl+R>，在视图区左侧和上方会出现标尺，通过拖拽标尺为图标设置参考线，垂直方向位于90px、160px、230px、360px、490px、560px、630px，水平方向位于60px、460px、840px，如图4-29所示。

2. 背景设置

1 新建图层1，将前景色设置为紫色（R=144、G=105、B=232）。使用<Alt+Delete>组合键，进行纯色填充，如图4-30所示。

2 选择"钢笔工具"，绘制形状1，接着绘制形状2和形状3，并设置形状2、形状3图层的"不透明度"为62%。在"设置形状类型填充"中指定颜色为蓝色（R=89、G=141、B=213），效果如图4-31所示。

3. 图标绘制

1 绘制椭圆图标。使用"椭圆工具"，设置半径为270像素，在"设置形状类型填充"中指定颜色为白色，按组合键<Shift+Alt>，从标尺线交点处绘制椭圆1。用同样的方法接着绘制椭圆2和椭圆3，设置椭圆1的"不透明度"为21%，椭圆2的"不透明度"为30%，椭圆3的"不透明度"为18%，效果如图4-32所示。

2 绘制表盘刻度。使用"圆角矩形工具"，绘制一条刻度形状，在"设置形状类型填充"中指定颜色为白色，通过复制绘制出12条表盘刻度，绘制效果如图4-33所示。

3 绘制指针。使用"圆角矩形工具"，绘制时针和分针，使其一个端点在椭圆2和椭圆3上，在"设置形状类型填充"中指定颜色为白色，绘制效果如图4-34所示。

图4-29
设置参考线

图4-30
填充颜色

图4-31
绘制形状

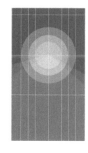
图4-32
绘制椭圆

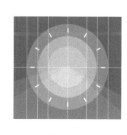
图4-33
绘制表盘刻度

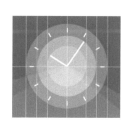
图4-34
绘制指针

4. 添加界面基本元素

1 绘制背景图形。按设置好的标尺线，使用"矩形工具"，绘制手机状态信息部分的背景矩形条，设置"不透明度"为40%，使用"钢笔工具"绘制形状，在"设置形状类型填充"中设置渐变填充，如图4-35所示。绘制效果如图4-36所示。

2 在手机界面上方状态栏中添加文字信息和小图标。使用"文字工具"，输入相应的文字信息，字体为Roboto，属性为Light，字号为偶数，如图4-37所示。

5. 添加指数信息

使用"文字工具"，输入相应的文字信息，中文字体为思源黑体，属性为Light，字号为32，颜色为白色，最终效果如图4-38所示。

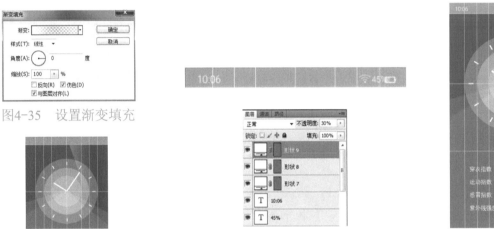

图4-35　设置渐变填充

图4-36　绘制背景图形　　　　图4-37　添加状态栏内容

图4-38　最终效果

必备知识

1. 时钟界面元素

时钟界面元素有状态栏、导航栏、时钟显示区、文字信息区、标签栏，可以根据风格进行合理的元素安排。

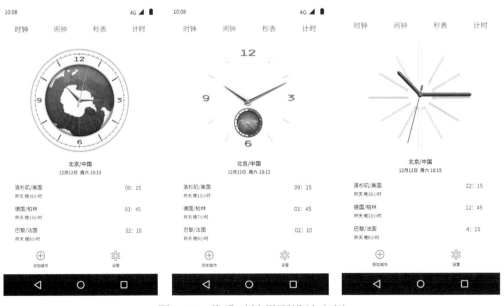

图4-39　优秀时钟界面设计案例

2．主流Android系统手机分辨率和尺寸

Android系统手机适配的尺寸为720×1280像素、分辨率为72dpi，但不同的主流手机又有不同的分辨率和尺寸要求。

设备	分辨率	尺寸	设备	分辨率	尺寸
魅族MX2	4.4英寸	800×1280px	魅族MX3	5.1英寸	1080×1280px
魅族MX4	5.36英寸	1152×1920px	魅族MX4 Pro未上市	5.5英寸	1536×2560px
三星GALAXY Note 4	5.7英寸	1440×2560px	三星GALAXY Note 3	5.7英寸	1080×1920px
三星GALAXY S5	5.1英寸	1080×1920px	三星GALAXY Note Ⅱ	5.5英寸	720×1280px
索尼Xperia Z3	5.2英寸	1080×1920px	索尼XL39h	6.44英寸	1080×1920px
HTC Desire 820	5.5英寸	720×1280px	HTC One M8	4.7英寸	1080×1920px
OPPO Find 7	5.5英寸	1440×2560px	OPPO N1	5.9英寸	1080×1920px
OPPO R3	5英寸	720×1280px	OPPO N1 Mimi	5英寸	720×1280px
小米M4	5英寸	1080×1920px	小米红米Note	5.5英寸	720×1280px
小米M3	5英寸	1080×1920px	小米红米1S	4.7英寸	720×1280px
小米M3S未上市	5英寸	1080×1920px	小米M2S	4.3英寸	720×1280px
华为荣耀6	5英寸	1080×1920px	锤子T1	4.95英寸	1080×1920px
LG G3	5.5英寸	1440×2560px	OnePlus One	5.5英寸	1080×1920px

图4-40　主流Android系统手机分辨率和尺寸

任务拓展

对手机主题设计大赛的初稿作品进行进一步的修改和完善。评审将基于但不限于以下标准：

1）独特性：有独特的设计创意和设计风格。

2）表现力：有感染力的艺术表现手法，视觉效果突出，能够将设计创意完美表达。

3）易用性：信息传递准确，符合使用逻辑和用户习惯。

4）规范性：作品内容完整，完成度高，符合华为EMUI设计规范。

任务 3　手机日历界面设计

任务分析

根据客户的喜好，确定日历界面元素和色调，根据搜集到的资料绘制设计草图，确定日历界面的设计方案。由助理设计师小露负责方案的成型及细节调整。

任务实施

1．常规参数设置

1 新建文档。启动Photoshop软件，打开"新建"对话框，设置宽度为720像素，高度为

1280像素，分辨率为72像素/英寸，颜色模式为RGB颜色，如图4-41所示。

2 设置标尺单位。在菜单下的"编辑"命令下，选择"首选项"中的"单位与标尺"命令，会弹出"首选项"对话框，在"单位"中设置标尺单位为"像素"。设置参考线，按组合键<Ctrl+R>，在视图区左侧和上方会出现标尺，通过拖拽标尺为图标设置参考线，垂直方向位于35px、360px、685px，水平方向位于220px、480px、1140px，如图4-42所示。

2. 背景设置

1 新建图层1，填充渐变色。使用渐变填充工具，进行蓝色渐变填充，如图4-43所示。

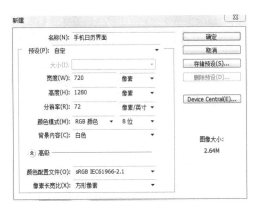  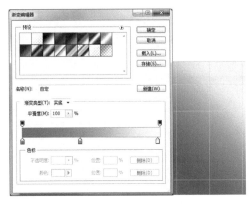

图4-41　新建文档　　　　图4-42　设置参考线　　　　图4-43　填充渐变色

2 绘制背景色块。使用"矩形工具"，在标尺线框中绘制一个矩形，在"设置形状类型填充"中指定颜色为蓝色（R=133、G=169、B=185）。接着使用"钢笔工具"绘制形状2，在"设置形状类型填充"中指定颜色为浅蓝色（R=200、G=220、B=221），绘制效果如图4-44所示。

图4-44　绘制背景色块

3. 添加文字信息

1 输入年份文字信息。在形状2色块上输入年份文字，颜色为深蓝色（R=95、G=112、B=129），字体为Roboto，属性为Light，字号为140，如图4-45所示。

2 添加月份和星期文字信息。使用"文字工具"，在形状1色块上输入月份文字，设置颜色为白色，字体为Roboto，属性为Black，字号为100。新建组"星期"，分图层输入星期文字，左右对齐标尺线，排列时进行居中对齐，效果如图4-46所示。

4. 绘制标签栏

1 绘制下方标签栏图形。选择"矩形工具"，在界面下方沿着标尺线绘制矩形，在"设置形状类型填充"中指定颜色为蓝色（R=73、G=131、B=168）。选择"椭圆工具"，按<Shift>键绘制正圆，复制2个副本层，分别指定颜色为浅蓝色（R=184、G=207、B=223），绿色（R=15、G=211、B=221），红色（R=227、G=135、B=156），效果如图4-47所示。

2 输入标签栏文字信息。使用"文字工具"，在绘制的正圆图形旁边输入"Today""Free""Busy"状态文字信息，设置颜色为白色，字体为Roboto，属性为Light，字号为40，效果如图4-48所示。

图4-45　添加年份文字

图4-46　添加月份和星期文字　　　　图4-47　绘制标签栏图形　　　　图4-48　添加标签栏文字信息

5. 绘制日历表

[1] 新建组"数字1"，选择"文字工具"输入日期，设置颜色为白色，字体为Roboto，属性为Light，字号为36，数字25和31分别对齐左右两条垂直标尺线。对文字组中的文字进行居中对齐，效果如图4-49所示。

[2] 新建组"数字2"，选择"文字工具"，输入日期，设置颜色为白色，字体为Roboto，属性为Light，字号为36，对文字组中的数字1和7进行居中对齐。接着用同样的方法，新建组数字3、数字4、数字5、数字6，效果如图4-50所示。

[3] 绘制状态图标。选择"椭圆工具"，按<Alt>键绘制正圆，在"设置形状类型填充"中指定颜色为相对应的状态栏图形颜色，将其"不透明度"设置为100%。调整图层顺序，将状态图标图层拖到数字组图层下方，效果如图4-51所示。

6. 添加状态栏

选择"文字工具"，输入时间和电量信息，设置颜色为白色，字体为Roboto，属性为Light，字号为34，绘制信号图标和电量条图标，效果如图4-52所示。

图4-49　"数字1"文字组　　图4-50　文字组效果　　图4-51　绘制状态图标　　图4-52　添加状态栏

必备知识

手机主题设计常识

手机界面是用户与手机系统交互的窗口，手机界面的设计既要基于手机设备的物理特性，也要结合系统应用的特性，两者结合考虑才可设计出合理有效的手机界面。手机主题设计最重要的两点，一是产品本身的UI设计风格，二是根据用户的需求和审美进行用户体验设计。手机操作系统界面设计需要从整体风格到图标、配色进行全面的把握，其设计原则是发掘用户在人机交互方面的不同需求，注重用户的喜好和需求，以达到让用户享受人机交流的愉悦体验。下面将从设计的角度对以下不同风格的Android系统手机主题设计进行分析。

（1）立体图标主题　这类风格的手机界面设计的重点在于设计出整体的立体图标，常见的有水晶立体图标和金属质感图标，背景效果层次分明，突出图标主体，如图4-53所示。

图4-53　立体图标主题界面设计

（2）照片图像主题　采用真实的图像作为背景，搭配简洁的图标和文字，这样的设计能拉近与用户的距离，让用户使用时更有真实感，如图4-54所示。

（3）写实风格主题　这类界面很贴近生活又有创意，图标设计结合现实中常用的物品元素，背景则运用真实拍摄的图像，如图4-55所示。

图4-54　照片图像主题界面设计　　　　　图4-55　写实风格主题界面设计

（4）绘画艺术主题　这类界面包括矢量插画风格界面、动漫风格艺术界面以及手绘涂鸦艺术界面。在图标设计中加入手绘元素图案，显得可爱随性，充满艺术感，深受年轻人的喜爱，如图4-56所示。

（5）扁平化风格主题　这类界面往往去掉了冗余的界面和交互，使用直接的按钮和文字设计来完成，注重于功能本身，界面简洁明了。这类界面目前来说应用最为广泛，接受度最高，如图4-57所示。

图4-56　绘画艺术主题界面设计　　　　　　　图4-57　扁平化风格主题界面设计

任务拓展

打开手机，对自己的个人手机进行手机主题设计，根据自己的喜好和需求确定风格，可以是立体图标主题界面、照片图像主题界面、写实风格主题界面、绘画艺术主题界面等，先绘制出设计手绘图，然后进行成品设计。

项目评价

1. Android系统手机界面设计项目评价表

Android系统手机界面设计项目评价表

界面完整度（25分） 背景 图标 状态栏 文字完整 小图标	功能便捷齐全（25分） 基本状态信息 主次分明 具备功能按钮 方便交互操作	色调和整体美观度（25分） 界面色调统一和谐 整体风格统一有鲜明特点 排版样式简洁美观	制作规范（25分） 尺寸规范 字体字号规范 图标大小规范

2. 学生自我评价表

学生自我评价表

Android系统手机界面设计项目		拓展项目		学习体会
是否完成（是/否）	所用时间	是否完成（是/否）	所用时间	

备注：学习体会一项的填写需特别注意避免简单的心情描述，需要详细写明通过项目练习所学习到的新的知识及自己感觉难以理解的知识。

3. 企业专家评语

项目企业鉴定表

作品是否通过验收（是/否）	作品鉴定

鉴定公司名称：   鉴定人：

项目2

iOS系统手机APP界面设计

 项目描述

　　一款好的APP应当应用功能齐全，融合复杂的信息内容，追求良好的用户体验。APP有自己的特点和气质，它的许多特点不同于图标和移动UI设计。它的多种特性包括：虚拟键盘、目录导航、功能操作、自上而下的操作、减少输入、多点触控手势以及按钮面积等。本项目结合iOS系统手机特点，根据用户应用定位，力求设计出符合用户交互和情感体验的一款APP。

任务　　即时通信APP "红包" 页面界面设计

任务分析

　　助理设计师小满根据例会中项目经理确定的交互原型图进行APP界面的视觉设计。小满使用Photoshop软件来逐步完成该界面的绘制。小满使用矩形工具绘制了页面中的图标和功能区域，具体操作过程体现小满对 "交互稿视觉化" 的理解。

　　特别提醒：建议使用Photoshop CC或以上版本。

任务实施

1. 分析线框图

　　本任务为某一个即时通信APP中的红包功能页面，并从中选取了其中一页交互稿进行视觉化设计，如图4-58所示。

2. 确定风格

　　该即时通信APP的风格为简约风格，色调统一。基于 "红包" 的特定属性，色调方面选取了红黄两色作为主色，搭配白色及浅灰色作为辅助色，给人一种喜庆的感觉。

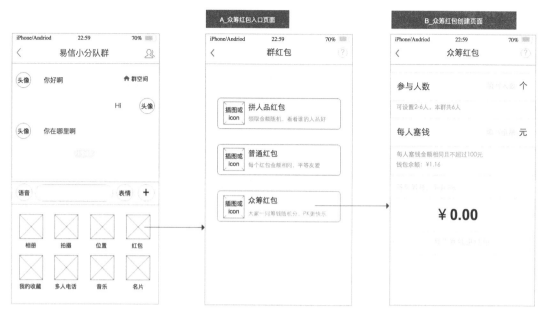

图4-58 分析线框图

3. 页面框架制作

1 新建文档。启动Photoshop软件，打开"新建"对话框，设置名称为"群红包"，页面大小采用iPhone6的屏幕尺寸，设置宽度为10.417英寸，高度为18.528英寸，分辨率为72像素/英寸，颜色模式为RGB颜色，如图4-59所示。

2 绘制状态栏、功能栏、背景色块及主要按钮位置，确定结构框架。

绘制电池电量条状态栏，使用"矩形工具"绘制长度为750像素，高度为40像素的矩形，颜色为#db3551。把图层重命名为"状态栏"，方便识别图层，如图4-60所示。

图4-59 新建文档

图4-60 绘制状态栏

3 绘制功能栏，使用"矩形工具"绘制长度为750像素，高度为88像素的矩形，颜色为#db3551。把图层重命名为"功能栏"，方便识别图层，如图4-61所示。

4 为功能栏添加投影，以区分功能栏与背景色块，如图4-62所示。

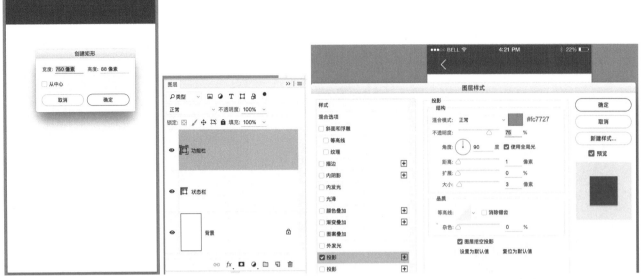

图4-61　绘制功能栏　　　　　　　　　　　　　图4-62　为功能栏添加投影

5 绘制背景。使用"矩形工具"绘制长度为750像素，高度为1334像素的矩形，颜色为#db3551到# ee8240由上往下渐变。把图层重命名为"背景"，方便识别图层，如图4-63所示。

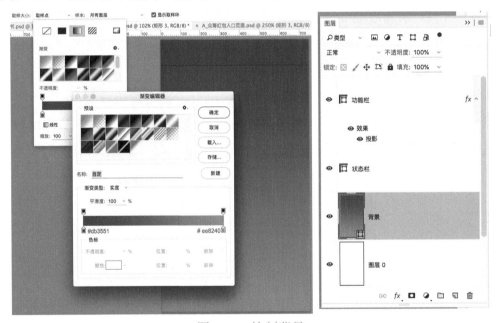

图4-63　绘制背景

6 绘制主要按钮。首先使用圆角矩形绘制长度为600像素，宽度为140像素，圆角半径为70像素的圆角矩形，颜色为# f9c29d，如图4-64 所示。接着为圆角矩形添加投影，突出按钮的立体感，如图4-65所示（Photoshop CC以上版本的属性面板中可更改矢量图形的长宽、圆角、颜色等参数）。

7 复制两个上一步绘制的按钮。按钮距离为80像素（在"视图"菜单中打开"显示"→"智能参考线"，即可在按住<Alt>键的同时，使用"移动工具"移动复制对象，同时显示准确距离数值）。注意按钮必须与渐变背景垂直居中对齐。另外，把图层重命名为"按钮1""按钮2""按钮3"，方便识别图层，如图4-66 所示。

4. 添加电池电量状态信息

从"素材"文件夹中把电池电量信息图导入文档中，并移动到相应位置，如图4-67所示。

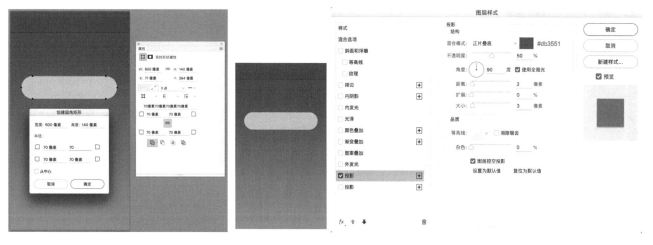

图4-64　绘制主要按钮　　　　　　　图4-65　为按钮添加投影

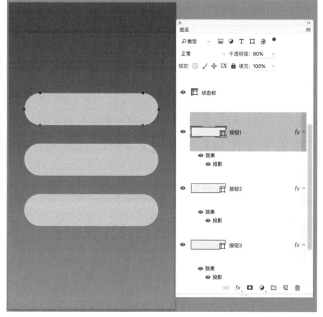

图4-66　复制按钮　　　　　　　　图4-67　导入电池电量条

5. 图标制作

1 绘制功能栏"返回"按钮。

使用"圆角矩形工具"绘制长度为32像素，高度为3像素，圆角半径为1.5像素的圆角矩形，颜色为白色。使用"路径选择工具" ▶ 选中该圆角矩形，按组合键<Ctrl+T>自由变换圆角矩形，旋转"-45度"，单击确定，如图4-68所示。

然后使用"路径选择工具"选中该圆角矩形，按组合键<Ctrl+C>复制该图形，按组合键<Ctrl+V>粘贴到原图层，接着再次执行自由变换，选择"水平翻转"。最后得到互为90度的两个圆角矩形，移动到适当的位置形成左箭头图形，如图4-69所示。

最后把返回按钮放置到合适的位置。具体做法：执行"视图"菜单→"新建参考线"命令新建"垂直"参考线，位置为20像素；接着用"矩形工具"绘制一个46×46像素的正方形，该正方形与功能栏水平居中对齐，并与返回按钮居中对齐，如图4-70所示。

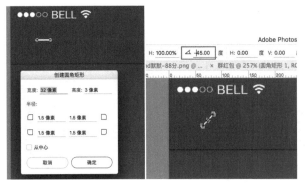  

图4-68　绘制返回按钮　　　　图4-69　绘制返回按钮　图4-70　定位返回按钮位置

2 绘制"详情"按钮图标。

首先使用"圆形工具"绘制长度宽度均为46像素的圆形，颜色为白色。接着用"路径选择工具" 选中该圆形，按组合键<Ctrl+C>复制圆形，按组合键<Ctrl+V>粘贴圆形到原图层，按组合键<Ctrl+T>自由变换所粘贴的圆形，按住<Shift>键等比例缩小到长度宽度为40像素，如图4-71所示。（注：在Photoshop CC版本中，不需要自由变换，直接在"属性面板"中把圆形的长度宽度均改为40像素即可。）然后使用"路径选择工具" 选中缩小的圆形，执行"路径操作"命令，选择"减去顶层图形"，得到圆环图形。最后在圆环中输入一个问号即可，如图4-72所示。

3 绘制"拼人品红包"选项按钮图标。为了在扁平化图标中增加一点变化，在该按钮图标中加入MBE风格的设计，增加视觉上的丰富感，具体如下。

首先绘制一个长度为54像素，高度为38像素的圆角矩形，无填充，描边为2像素，描边颜色为#f76e5d，如图4-73所示。然后使用"直接选择工具" 选中圆角矩形右下角的两个描点，使用键盘的左方向键往左边移动4像素，如图4-74所示。

接着在图形的顶部绘制一个宽度为18像素，高度为28像素，圆角半径为4像素，无填充，描边2点，描边颜色为#f76e5d的圆角矩形。把左上角的圆角改为10像素，如图4-75所示。

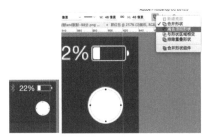

图4-71　绘制详情按钮图标

图4-73　绘制"拼人品红包"按钮图标

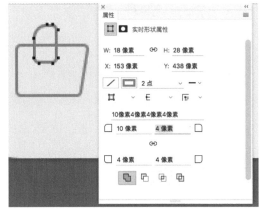

图4-72　详情按钮图标完成

图4-74　绘制"拼人品红包"按钮图标路径

图4-75　绘制"拼人品红包"按钮图标路径

然后选中两个图形所在的图层，右击选择"合并图层"，如图4-76所示。

使用"路径选择工具"选中两个图形，按组合键<Ctrl+J>复制图层，执行"路径操作"→"合并路径组建"命令，合并路径，填充颜色为#f76e5d，无描边，如图4-77所示。

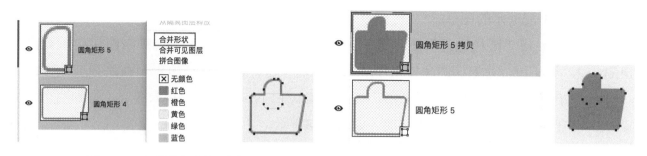

图4-76 合并按钮图标路径   图4-77 复制按钮图标路径

在路径被选中的状态下，按组合键<Ctrl+C>复制路径图形，按组合键<Ctrl+V>粘贴图形到原图层，得到两个相同的路径，并把复制得到的图形向右下方移动4个像素。再同时选中两个相同路径，执行属性栏的"路径操作"→"与形状区域相交"命令，并使用"直接选择工具"移动描点，如图4-78所示。

调整图形填充颜色为#f9b58b，并把图层向下移动一层，如图4-79所示。最后增加一个长度为2像素，高度为28像素的圆角矩形，即可完成"拼人品红包"按钮图标的绘制，如图4-80所示。

图4-78 与形状区域相交   图4-79 调整图形填充颜色   图4-80 完成图标效果

4 绘制"普通红包"按钮图标。

首先绘制一个宽度为52像素，高度为58像素，圆角半径为5像素的圆角矩形，填充为空，描边2像素，颜色为# fc7727，如图4-81所示。接着绘制一个宽度为44像素，高度为26像素的椭圆形，颜色为# fc7727，如图4-82所示。

使用"路径选择工具"选中该椭圆形，按组合键<Ctrl+C>复制椭圆形，按组合键<Ctrl+V>粘贴椭圆形到原图层，得到两个相同大小的椭圆形，如图4-83所示。接下来需要将所复制的椭圆形的宽度和高度分别改为40像素和22像素。接着选中两个椭圆形，居中对齐两个椭圆形，再选中上面的椭圆形，执行"路径操作"→"减去顶层图形"命令，得出如图4-84所示的图形。

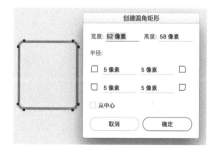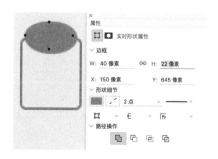

图4-81 绘制"普通红包"   图4-82 绘制椭圆形   图4-83 复制椭圆形   图4-84 挖空
　　　　　按钮图标   椭圆形

然后绘制如图4-85所示大小的矩形，选中矩形，执行"路径操作"→"减去顶层图形"命令，得出如图4-86所示的图形。

接下来，使用"路径选择"工具选中圆角图形，按组合键<Ctrl+J>复制图层，填充颜色为#febc82，无描边，并把该圆角矩形图层向下移动一层，如图4-87所示。在路径被选中的状态下，按组合键<Ctrl+C>复制路径图形，按组合键<Ctrl+V>粘贴图形到原图层，得到两个相同的路径，并把复制的图形向右下方移动，如图4-88所示。

再同时选中两个相同路径，执行"属性栏"的"路径操作"→"与形状区域相交"命令，如图4-89所示。在图形中间输入字体为粗体幼圆，颜色为#fc7727、字号为36点的人民币符号，即可完成最终效果，如图4-90所示。

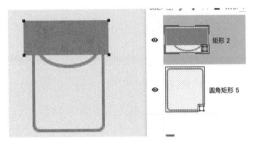
图4-85 绘制任意大小矩形

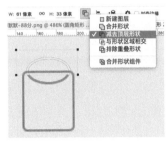
图4-86 完成效果

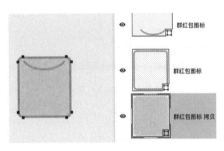
图4-87 复制矩形并填充

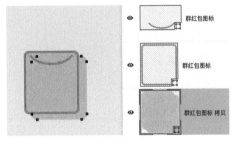
图4-88 同图层复制矩形并移动

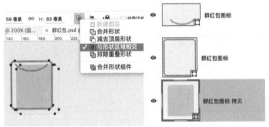
图4-89 矩形相交

图4-90 输入符号

5 绘制"众筹红包"按钮图标。

首先绘制一个宽度为30像素，高度为32像素的椭圆形，以及一个宽度和高度均为40像素的圆形，再绘制一个任意大小的矩形，位置如图4-91所示。同时选中上述3个图形的图层，右击"合并图层"，得到如图4-92所示的效果。

图4-91 绘制"众筹红包"按钮图标

然后使用"路径选择工具"选中矩形，执行"路径操作"→"减去顶层形状"命令，得到如图4-93所示的效果。接着按组合键<Ctrl+J>复制该图层，并向左移动，得到如图4-94所示的效果。

图4-92 合并图层

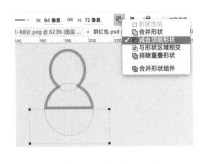
图4-93 路径操作

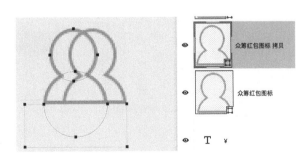
图4-94 复制图层

执行"路径操作"→"合并形状组件"命令，如图4-95所示。在路径选中状态下使用"钢笔工具"为路径添加描点，如图4-96所示。

然后，使用"直接选择工具"选中多余描点，并按<Delete>键删除，得到图4-97所示效果。使用相同方法绘制右边部分，结果如图4-98所示。最后仿照"众筹红包"按钮图标以及"群红包"按钮图标，完成如图4-99所示的阴影效果。

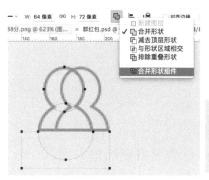

图4-96　添加描点　　图4-98　制作右边部分路径

图4-95　路径操作

图4-97　删除描点　　图4-99　添加阴影效果

6. 文字排版

根据图4-100的效果，在相应的位置输入所需文本，其中"拼人品红包""普通红包""众筹红包"按钮标题文字字号为36点，颜色为黑色，字体为常规苹方体，按钮说明文字"领取金额随机，看看谁的人品好"等字号为24点，颜色为# 656565，字体为常规苹方体。

7. 装饰图案绘制

装饰图案绘制较为随意，可根据如图4-101所示效果进行绘制。

提示：图案可以复制"普通红包"按钮图标，进行大小、透视的搭配，并添加合适的投影即可。

图4-100　输入文本

8. 最终调整，完成效果

最终效果如图4-102所示。

图4-101　绘制装饰图案　图4-102　最终效果

必备知识

什么是设计规范

设计规范是指视觉设计师对色彩、控件样式、布局排版、字体等制定的一系列规范，用来指导之后的设计工作，确保视觉风格的一致性，控制设计质量，提高设计效率。

1. 设计规范为谁服务

设计规范服务对象如图4-103所示，具体如下。

第一，为技术服务。完整的设计规范能让技术人员

图4-103　设计规范服务对象

准确地还原设计样式。

第二，为设计师和团队服务。当设计团队成员需要了解产品现状时可以参考设计规范，否则将不断地重复介绍相关的要求，影响工作的效率。

第三，为品牌服务。各个设计的元素必须严格遵循规范，这样才能给用户传达统一的品牌形象，从而潜移默化地进行品牌渗透。

2. 设计规范的好处

设计规范的好处如图4-104所示，具体如下。

第一，可以控制设计的质量，可以让UI界面展现的形式统一，规范视觉元素的运用。用户在浏览时就会感到流畅、舒适。

图4-104　设计规范的好处

第二，提高设计效率。有了统一的规范，就可以将所有的页面整理出一套规则，在遵循规则的情况下进行设计，页面的设计也会变得更简单方便。

iOS设计规范

1. iOS屏幕分辨率

iOS屏幕分辨率如图4-105所示。

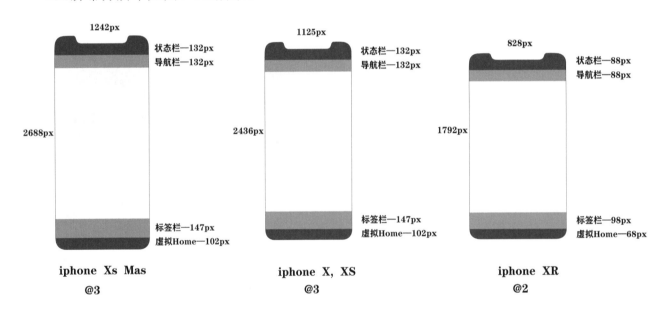

图4-105　iOS屏幕分辨率

2. 苹果官方UI设计界面

苹果官方UI设计界面，如图4-106所示。

苹果官方UI设计规范中有几种设计说明。例如，有返回按钮的标题和含有搜索条的标题，在设计时都会有所区别，包括标题栏内的文字字号、颜色等；在Tab切换的设计说明中，明确展示了每一个Tab切换的规范要求，包括选中状态和未选中状态的字号、颜色等；底部导航的ICON的大小，底部导航ICON的文字的字号等也有明确规定；设计规范中也展示了一些常用控件的基础设计，如弹出框、键盘、List等。

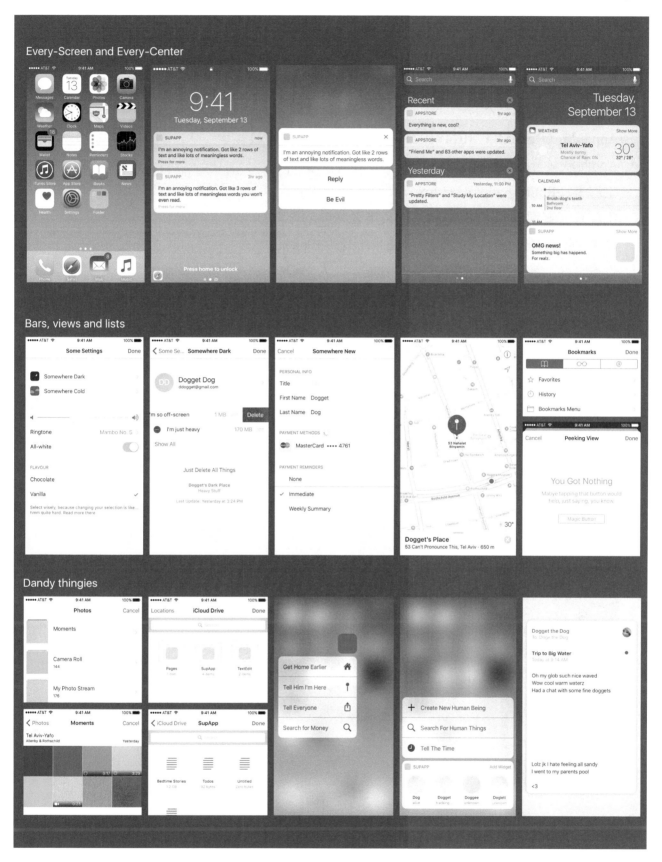

图4-106 iOS系统官方UI设计界面

3. iOS系统图标规范

1）主屏幕图标如图4-107所示。

在苹果手机的主屏幕上看到的图标，如果是Retina屏，它的图标大小是114×114 像素

（圆角半径为18像素）。

2）APP商城里的图标展现形式如图4-108所示。

在苹果的APP商城中，APP图标的大小是1024×1024像素，圆角半径为160像素。

4．8种ICON的使用规范

App商城（Retina）：1024×1024px（圆角半径为160px）。

App商城（普通屏）：512×512px（圆角半径为80px）。

主屏幕（Retina）：114×114px（圆角半径为18px）。

主屏幕（普通屏）：57×57px（圆角半径为9px）。

设置页面（Retina）：58×58px（圆角半径为10px）。

设置页面（普通屏）：29×29px（圆角半径为5px）。

搜索结果（Retina）：100×100px（圆角半径为16px）。

搜索结果（普通屏）：50×50px（圆角半径为8px）。

值得注意的是，从iOS7开始，苹果的各个应用图标变成了更为复杂而精简的图形，"圆角半径"的概念就没有了。也就是说，图标的圆角不再是一个简单几何图形的圆角半径，而是一条弧线，如图4-109所示。

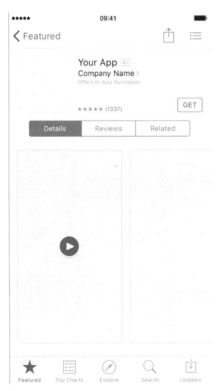

图4-107 iOS系统手机主界面　图4-108 在iOS APP Store界面中的图标效果　图4-109 苹果应用图标结构

5．文字规范

iOS系统字体的历史演变过程如下：

- iOS 9：英文字体为Helvetica Neue。
- iOS 9：中文字体为冬青黑。
- iOS 10：英文字体为San Francisco。

● iOS 10：中文字体为苹方体。

iOS系统的字体规范如下。

1）设计稿标准文字。文字选用"苹方体（PingFang SC Light）"。标题可加粗，选用"苹方粗体"。

2）文字搭配。

一般用4和6的差额梯度搭配，例如，正文为26px，标题为30px；标题为30px，正文为22px。

3）详情页标题文字与详情文字间距。间距为8的倍数，如24px、32px、40px等。

4）行间距设定。行间距与字号比例为1.5。

5）对齐原则。段落文字采用"两端对齐左对齐"，首行严禁出现标点符号。

6）字体大小。

顶部操作栏文字大小：34～38px。

标题文字大小：28～34px。

正文文字大小：26～30px。

辅助性文字大小：0～24px。

Tab Bar文字大小：22px。

6. iOS页面配色原则

iOS页面的配色原则是以纯色为主。

7. 单击区域

在iOS页面中，所有能单击的区域的高度不能小于88px，如实在满足不了，可缩小视图控件的大小，但是需要保留单击区域，如图4-110所示。

下面为大家介绍iOS页面结构中，单击区域的主要组成部分，具体如下。

1）状态栏和导航栏。切换按钮导航栏、标题导航栏、底部导航栏如图4-111所示。

图4-111中的标红位置的单击区域，需要保证有88像素。

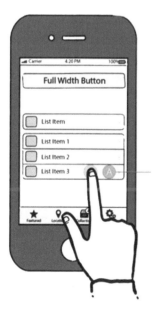

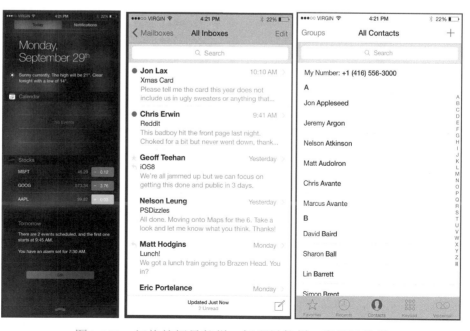

图4-110　单击区域　　　图4-111　切换按钮导航栏、标题导航栏、底部导航栏

2）内容视图。展示主要内容信息，包括相关交互行为，如滚屏、插入、删除等操作区域，列表操作、拖动区域、屏幕右侧边缘如图4-112所示。

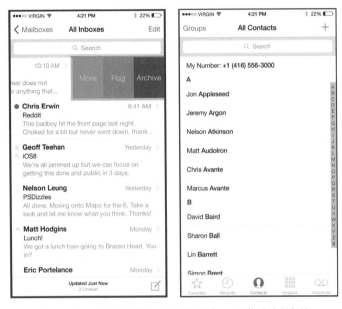

图4-112　列表操作、拖动区域、屏幕右侧边缘

图4-112中标红位置的单击区域，高度也需要保证有88像素。

3）产品行为或显示的信息按钮、输入框。Tab切换栏、输入框（键盘）、按钮控件如图4-113所示。

图4-113　Tab切换栏、输入框（键盘）、按钮控件

同样的，图4-113中标红位置的单击区域，高度也需要保证有88像素。

4）临时视图。临时向用户提供重要的信息，或提供额外的功能和选项。

8．iOS界面的页面结构

iOS系统移动界面结构如图4-114所示。

9．iOS界面的页面尺寸

iOS界面的页面尺寸如图4-115所示。

图4-114　iOS系统移动界面结构

机型	屏幕英寸	pt	px	状态栏	底部安全区
iPhone8	4.7英寸	375 * 667pt	1334 x 750	20	0
iPhone8Plus	5.5英寸	414 * 736pt	1920 x 1080	20	0
iPhoneX	5.8英寸	375 * 812pt	2436 x 1125	44	34
iPhone12mini	5.4英寸	375 * 812pt	2340 x 1080	20	0
iPhone12	6.1英寸	390 * 844pt	2532 x 1170	44	34
iPhone12 Pro	6.1英寸	390 * 844pt	2532 x 1170	44	34
iPhone12 ProMax	6.7英寸	428 * 926pt	2778 x 1284	44	34

图4-115　iOS界面的页面尺寸

任务拓展

参考图4-116所示的iOS界面原型图，设计一款具有中国风的iOS界面。界面的尺寸、图标、文字要符合iOS界面设计规范要求。

图4-116　iOS界面原型图

项目评价

1. iOS系统手机APP界面设计项目评价表

iOS系统手机APP界面设计项目评价表

界面完整度（25分） 背景及背景图案 状态栏 导航栏 文字完整 图标	功能便捷齐全（25分） 基本状态信息 主次分明 具备功能按钮 方便交互操作	色调和整体美观度（25分） 界面色调统一和谐 整体风格统一有鲜明特点 排版样式简洁美观	制作规范（25分） 尺寸规范 字体字号规范 图标大小规范

2．学生自我评价表

学生自我评价表

iOS系统手机APP界面设计项目		拓展项目		学习体会
是否完成（是/否）	所用时间	是否完成（是/否）	所用时间	

备注：学习体会一项的填写需特别注意避免简单的心情描述，需要详细写明通过项目练习所学习到的新的知识及自己感觉难以理解的知识。

3．企业专家评语

项目企业鉴定表

作品是否通过验收（是/否）	作品鉴定

鉴定公司名称： 鉴定人：

实 战强化

移动端UI界面类型通常包括启动页、引导页、蒙层引导、空白页、登录注册页、首页、个人中心页、列表页等几种类型。请以中国传统文化元素为载体，把民族文化底蕴进行融汇创新，设计完成一套移动端国风页面。要求页面设计不少于3个基本界面类型，设计效果要在中国传统文化元素的基础上展现时代魅力。

单元小结

本单元概括了iOS和Android的界面设计规范。两个系统的明显区别是iOS系统是非开源的，简单来说就是不能被随意改动，连图标都是必须带圆角的，但非常有利于交互设计师进行设计；Android系统是开源的，界面可以随意改动，尺寸也没有特别的规范，图标形状、尺寸依照手机品牌和型号而定，对于交互设计有些不利。

通过助理设计师小满的成长，可以了解到iOS和Android的界面设计规范。在体验助理设计师小满成长过程的同时，掌握必备的移动应用界面设计规范，让设计有道可循，确保设计的统一性与合理性。

学习单元5
计算机软件界面设计

➡ 单元概述

计算机客户端UI是非常重要的人机互动用户界面。由于计算机端和移动端在显示方面有很大的差别,所以在UI设计的过程中,需要注意区分不同客户端的设计规范的差异。本单元通过两个具体的计算机端软件UI设计的例子,展示了计算机端软件UI设计流程、设计规范及软件使用,通过本单元的学习,读者能够对计算机端UI设计有一定的了解和掌握。

➡ 学习目标

1. 通过项目制作,掌握计算机端UI制作的流程和设计规范
2. 通过项目制作,学习网页界面设计制作规范
3. 通过案例学习Web产品的制作规范应用

项目1
音乐播放器界面设计

 项目描述

嘀嗒音乐是一款致力于为喜爱不同音乐风格的用户提供独特且愉悦体验的音乐软件。该软件允许用户通过不同频道（如在线曲库、歌曲推荐、电台、K歌等）和在不同场景（运动、工作和约会等）快速地搜索最喜爱的歌曲，整个界面设计简洁清晰。软件还特别为用户提供了"我要K歌"的功能，更符合时下用户对唱歌的需求。

公司接到该任务后，组织设计师开展了需求分析会议，通过分析客户要求，确认了主要内容，助理设计师小露整理如下。

项目名称：嘀嗒音乐PC客户端开发UI设计

设计目的：设计可用、易用的PC端应用

工作内容：音乐软件开发的UI设计、主要页面布局设计、设计标准制定

使用方法：竞品对比、卡片分类、用户画像

需求定位：首先定位目标客户群，建立用户画像，检查主要功能流程，分析用户痛点，优化调整功能流程，设计PC端主要功能流程及页面

预计周期：2018.2～2018.8

任务 1 图标绘制

任务分析

助理设计师小露根据项目分析会的内容，使用Illustrator软件来完成该图标的绘制，在制作图标时常使用的命令包括"钢笔工具""基本图形工具""路径查找器"等，通过该项目，小露更好地理解了图标绘制的流程，掌握了软件绘制的方法。

任务实施

1. 常规参数设置

1 新建文档。启动Illustrator软件，打开"新建"对话框，设置单位为"像素"，设置宽度为300px，高度为300px，其他参数保持默认，如图5-1所示。

2 设置标尺单位。执行"菜单"→"视图"→"标尺"→"显示标尺"命令（组合键<Ctrl+R>），会在画板的上方和左侧分别出现标尺，右击上方标尺，选择标尺的单位为"像

素"，如图5-2a所示。

3 执行"菜单"→"文件"→"首选项"命令（组合键<Ctrl+">），选择"参考线和网格"，在"网格"中设置网格线间隔为10px，次分隔线为8，单击"确定"按钮，如图5-2b所示。

图5-1　新建文档　　　　　　　　　图5-2　设置标尺单位与参考线和网格

2. 绘制"购物车"图标

1 绘制车厢。使用"钢笔工具"勾勒出购物车车厢的基本形状，设置填充颜色为#cccccc，描边颜色为无，如图5-3所示。

2 绘制圆形。使用"椭圆工具"，按住<Shift>键的同时在画板内拖动光标，得到圆形图案，为了区分颜色，填充为无色，描边为#000000，描边大小设置为0.25pt，如图5-4所示。

3 执行"菜单"→"对象"→"变换"→"移动"命令（组合键<Shift+Ctrl+M>），勾选预览框，设置圆形图形水平移动2个圆形的距离。执行"菜单"→"对象"→"变换"→"再次变换"命令（<Ctrl+D>），执行8次，框选所有的圆形图形，向右下方移动的同时按下<Alt>键，复制，再次执行"再次变换"命令4次，得平行四边形排列的图形矩阵，按住<Shift>键的同时选中不需要的圆形进行删除，剩余的圆形矩阵如图5-5所示。

图5-3　创建基本图形　　　图5-4　椭圆工具　　　　　　图5-5　绘制圆形矩阵

4 裁剪造型。将制作好的圆形矩阵移动至购物车厢图层的上方，执行"菜单"→"路经查找器"（组合键<Shift+Ctrl+F9>）调出"路经查找器"面板，选中车厢和圆形矩阵，单击"减去顶层"按钮，如图5-6所示。

5 添加车轮。使用"圆形工具"绘制出两个圆形，调整大小和位置，完成购物车的绘制，如图5-7所示。

图5-6　"路经查找器"面板　　　　　　图5-7　购物车图标

1．界面设计风格

界面设计的风格多样，我们主要讨论以下两种风格，扁平化设计风格和拟物化设计风格，如图5-8所示。

图5-8　拟物化设计和扁平化设计

（1）扁平化设计

代表作：iOS7.0及以上，Metro UI，Windows 8。

界面：纯色的简单组合（iOS系）、极简的抽象矩形单色色块（微软系）、大字体、光滑、现代感十足，有种蒙德里安的感觉。

B端交互：因为扁平化设计的核心是对功能本身的使用（对内容本身的消费），所以去掉了冗余的界面和交互，而是使用更直接的设计来完成任务。

优点：界面和交互简约，信息更直观，信息量更大。

缺点：需要一定的学习成本，且传达的感情不丰富，甚至过于冰冷。

（2）拟物化设计

代表作品：iOS7.0以下，Android以及iOS7.0以下的大部分APP。

界面：模拟真实物体的材质、质感、细节、光亮等。

B端交互：人机交互也拟物化，模拟现实中的交互方式。

优点：学习成本低，一学就会，而且传达了丰富的人性化的感情。

缺点：拟物化本身就是个约束，会限制功能本身的设计。

2．设计元素

扁平化设计一般都是一个简单的形状，加上没有景深的平面，放弃一切装饰效果，如阴影、透视、纹理、渐变等，能做出3D效果的元素一概不用。所有元素的边界都干净利落，没有任何羽化、渐变或者阴影。尤其在移动设备上，因为屏幕的限制，这一风格在用户体验上更有优势，更少的按钮和选项使得界面干净整齐，用户使用起来格外简单。

（1）字体的使用　字体是排版中很重要的一部分，它需要和其他元素相辅相成，一般来说，花体字在扁平化的界面中会显得突兀，扁平化的界面多采用无衬线字体。无衬线字体比较醒目，在某些情景下会有意想不到的效果。

（2）色彩选择　扁平化设计中，配色貌似是最重要的一环，扁平化设计大多采用大胆、丰富且明亮的配色风格。扁平化设计通常采用比其他风格更明亮更炫丽的颜色，同时扁平化设计中的配色还意味着更多的色调。例如，其他设计最多只包含2～3种主要颜色，但是扁平化设计中会平均使用6～8种颜色。另外，一些复古色也经常采用，如浅橙、紫色、绿色、蓝色等。

（3）简单的交互设计　设计师要尽量简化自己的设计方案，避免不必要的元素出现在设计中。简单的颜色和字体就足够了，如果还想添加装饰，尽量选择简单的图案。扁平化设计尤其对一些做零售的网站帮助巨大，它能很有效地把商品组织起来，以简单合理的方式排列。

（4）伪扁平化设计　不要以为扁平化只是把立体的设计效果压扁，事实上，扁平化设计更是功能上的简化与重组。例如，有些天气方面的应用会使用温度计的形式来展示气温，或者计算应用仍用计算器的二维形态表现。在应用软件当中，温度计的形象纯粹是装饰性的，而计算器的计算方式也并不是最简单直接的。相比于拟物化设计风格而言，扁平化设计风格的一个优势就在于它可以更加简单直接地将信息和事物的工作方式展示出来。

（5）扁平化设计的进化　扁平化设计风格大胆的用色、简洁明快的界面风格一度让大家耳目一新，但它被人所诟病的方面有交互不够明显，按钮难以找到等。这些问题都可以通过增加一些小效果解决，这些效果的运用也是符合扁平化的简洁美学的。

微阴影就是极其微弱的投影，这是一种几乎不被人所立刻察觉的投影，它可以增加元素的深度，使其从背景中脱颖而出，引起用户的注意。但在使用这一效果时需要注意，要让它保持柔和感和隐蔽性，如图5-9所示。

利用元素的形状，使其从背景中独立出来。即使元素与背景有着同样的颜色，依然可以通过微阴影加以区分，而视觉上还能保持色调一致的简洁性。

长阴影设计是指在秉持扁平化设计审美的同时，将局部组件设置长阴影效果以增加元素的深度。设计师通常通过给图标添加阴影的方式来创立长阴影，一般是把一个普通阴影的长度沿45度的方向拓展，如图5-10所示。图标或标识通过这样的处理会更加具有深度。长阴影设计不是一种独立的设计，通常运用在Logo、图标等元素的内部，它是扁平化设计风格的一种延伸。

图5-9　微阴影应用范例　　　　　　　图5-10　长阴影应用范例

随着长阴影设计的日益流行，热衷于扁平化用户界面设计的设计师将长阴影设计的使用作为他们扁平化设计概念的一部分，由此去创建极简并且吸引人的用户界面。对于想着重强调粗体的图标和标识，长阴影设计是极为理想的。通过运用长阴影设计，这些图标会更加具有深度，也会更加夺人眼球。

（6）拟物化设计风格　通过模仿公众熟知的日常物体的视觉线索，拟物化设计能降低用户去了解如何使用产品时需要的认知负荷，通俗点说就是在设计相关产品时候，使得设计元素绘制得更逼真，如绘制的香蕉像是真实的香蕉。关于拟物化设计最常被引用的例子是苹果公司iOS 7系统的设计风格。例如，iBooks应用程序看起来像一个真实的书架——即有关一个书架的视觉线索（木质纹理、阴影和纵深感等）被使用在了应用程序的用户界面里。精致的拟物化设计案例如图5-11所示。

图5-11　精致的拟物化设计案例

通过使操作直观化的方式。用户只需要看一遍，就能知道一款应用程序是关于什么的，以及如

何使用它。因此，在照片应用程序中的图像看起来像真实的照片。电子书看起来像真实的书籍，并结合现实物理学应用到翻页。按钮看起来像光滑的真实按钮，所以用户立刻知道可以按下。

任务拓展

1. 使用Adobe Illustrator软件，完成图5-12a中部分扁平化图标的绘制。

2. 使用Adobe Illustrator软件，将图5-12b中的3个拟物化图标转化成扁平化图标。

a）

b）

图5-12　扁平化图标与拟物化图标

任务 ② 软件版面布局制作

任务分析

根据会议内容，助理设计师小露接到任务后，开始收集竞品案例，通过学习和分析，确定了本任务的基本版式采取左侧是大分类导航模块，头部是小分类导航模块的形式来进行设计，注意设计绘制过程中严格按照规范标准执行。

任务实施

1. 常规参数设置

1 新建文档。启动Illustrator软件，打开"新建"对话框，设置宽度为1000px，高度为680px，如图5-13所示。

2 设置标尺单位。执行"菜单"→"视图"→"标尺"→"显示标尺"命令（组合键<Ctrl+R>），会在画板的上方和左侧分别出现标尺，右击上方标尺，选择标尺的单位为"像素"，如图5-14所示。

3 设置参考线。通过拖拽标尺为图标设置参考线，垂直方向位于225px、245px、985px，水平方向位于45px、620px，完成软件版面模块的初步布局，如图5-14所示。

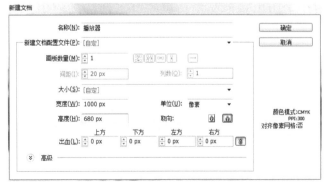

图5-13　新建文档

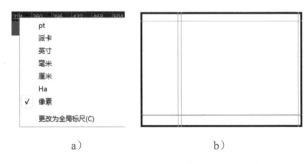
a）　　　　　　　　b）

图5-14　设置标尺单位和参考线

2．版面布局

1 绘制基础模块图形。使用"矩形工具"绘制宽度为225px、高度为680px的矩形，填充颜色为#f2f2f2，并将该矩形与画板的上方和左方对齐，本区域作为软件的左侧导航区，采用不同的颜色与其他区域进行区分，如图5-15所示。

2 绘制音乐图标。使用"矩形工具""椭圆工具"，通过"路径查找器"中的"焊接"和"裁剪"等功能绘制图形，并使用颜色#f7931e进行填充。使用"文字工具"输入文字"嘀嗒"，字体为腾祥嘉丽大黑简，调整大小并将文字颜色设置为#f7931e，如图5-16所示。

3 绘制登录框。使用"椭圆工具"，按下<Shift>键绘制大小为63×63像素的圆形，填充颜色为#f7931e，执行"效果"→"风格化"→"投影"命令，为登录框添加投影效果，如图5-17所示。

图5-15　绘制基础模块图形　　　图5-16　绘制音乐图标　　　图5-17　投影效果

4 绘制二级标签图标。综合使用"图形工具""钢笔工具""路经查找器""文字工具"，绘制出一级各个标签小图标，字体为微软雅黑、采用颜色#999999填充，如图5-18所示。用同样的方法绘制出二级标签，填充颜色并调整大小，如图5-19所示。

5 调整标签大小和位置。调整大小和位置，二级标签和一级标签注意各标签间间距统一，执行"窗口"→"对齐"命令。在调整过程中注意使用"对齐"面板，如图5-20所示。调整后的分布效果如图5-21所示。

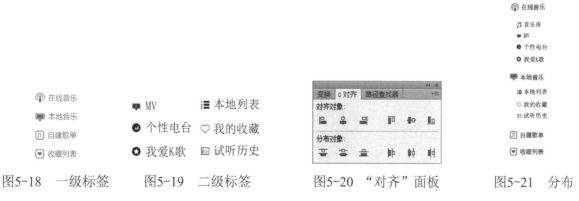

图5-18　一级标签　　　图5-19　二级标签　　　图5-20　"对齐"面板　　　图5-21　分布

6 设置菜单栏。使用"直线工具"绘制长度为730px、描边为0.25pt的水平直线，调整其位置至X：610px，Y：450px，如图5-22所示。

图5-22　设置菜单栏

7 设置菜单栏小图标。使用"基本绘图工具"绘制基本图形，将图形调整好大小和位置，如图5-23所示。

图5-23　设置菜单栏小图标

8 添加版块文字和主打歌单。使用"文字工具"添加版块文字，设置文字为微软雅黑，填充颜色为#333333，调整为合适的间距，将"歌单"颜色设置为#f7931e，并设置下划线，将下划线描边颜色设置为#f7931e，设置主打歌单配图后效果如图5-24所示。

9 添加推荐歌单和文字。使用"矩形工具"绘制大小为130px的正方形，执行"菜单"→"对象"→"变换"→"移动"命令（组合键<Shift+Ctrl+M>），水平移动148px，执行"菜单"→"对象"→"变换"→"再次变换"命令（组合键<Ctrl+D>），重复3次，得到等间距的正方形5个，设置推荐歌单，并为推荐歌单设置推荐词，设置字体为宋体，大小为10pt，设置字体颜色为#333333。Illustrator没有提供裁剪工具，可以使用剪切蒙版遮盖住部分图片。将遮盖图形放置于被遮盖图形上方，调整位置，右击并选择建立剪切蒙版，如图5-25所示。

图5-24　版块文字和主打歌单　　　　　　　　　图5-25　建立剪切蒙版

10 设置推荐专辑图片和文字。采用同样方法裁剪图片，并将每个推荐专辑等间距排列，添加文字后的整体效果如图5-26所示，图中部分推荐专辑照片暂由灰色图块代替。

图5-26　设置推荐专辑图片和文字

11 绘制播放模块图标。使用"矩形工具"和"钢笔工具"绘制"单曲循环""音效

设置""下载歌曲""删除""音量调节""收藏"等图
标，填充颜色为#cccccc，如图5-27所示。

图5-27　绘制播放模块图标

12 绘制播放按键。使用"矩形工具"和"钢笔工具"绘制"上一首""播放""下一首"
按键和"播放进度条"，填充颜色为#f7931e，调整整体图形大小和位置，如图5-28所示。

图5-28　绘制播放按键

13 绘制滚动条。使用"矩形工具"绘制宽度为15px，高度为525px的矩形条，填充
颜色为#cccccc，继续绘制矩形框，宽度为15px，高度为35px，填充颜色为#e6e6e6，如
图5-29所示。

图5-29　绘制滚动条

1．计算机软件界面设计过程

（1）根据需求初步规划设计方案　首先认真了解客户的需求，分析本产品想要着手帮助用户解决的痛点，然后可以通过寻找并分析相关竞争产品，去制定相应的设计框架。本任务在方案设计之初借鉴了我们经常用的360安全卫士、网易云音乐等软件的桌面UI，如图5-30所示。

图5-30　竞品产品框架

（2）设计一套框架　寻找灵感后为产品设计一套框架，PC端UI的设计比较自由和特殊，市面上的PC软件没有统一的尺寸规范，PC端UI不是设计一个全屏的尺寸，而是设计师要和后端开发定好最小窗口尺寸，本任务设置的最小窗口尺寸为1000px×680px。只有定好最小窗口后，后端开发的人员才能去做适配。定好最小窗口后，开始设计整体的框架，嘀嗒音乐采取左侧是大分类导航模块，头部是小分类导航模块来进行设计，如图5-31所示。

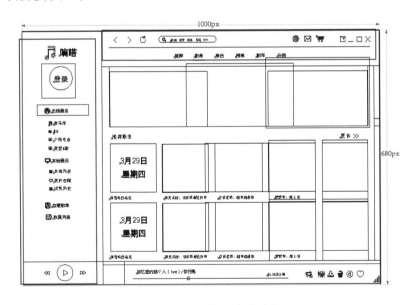

图5-31　UI产品框架图

（3）设计软件流程　在设计软件时，应先写出软件主要流程框架。流程框架指导软件功能的编写和实施，本任务中，"嘀嗒音乐"的流程框架如图5-32所示。后期在功能编写的过程中可以进一步优化。

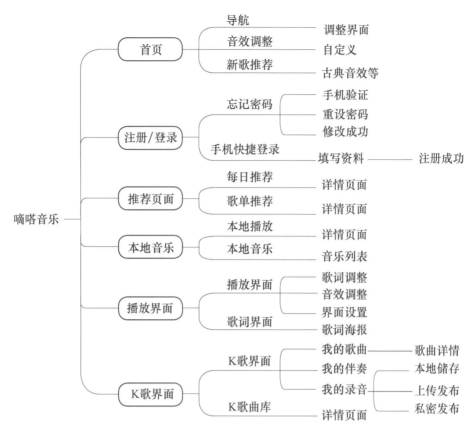

图5-32 "嘀嗒音乐"的流程框架图

一个好产品一定离不开严谨的流程，以登录为例，了解下软件的逻辑流程。打开软件后，看到是推荐界面，可以直接在推荐界面音乐播放，或搜索喜欢的歌和专辑，也可以单击"登录"按钮来登录自己的主页，查看自己的主页设置及相关信息，如图5-33所示。

图5-33 登录

就登录/注册的逻辑来说，软件的逻辑流程如图5-34所示。

图5-34 注册/登录逻辑流程图

（4）制定设计方案系列规范标准 当一个团队一起工作的时候，要用到设计规范标准。软件UI要设计的界面太多了，产品迭代又很快，一个一个界面标注重复性的东西，工作量过于庞大且浪费精力。如果研发和测试人员查看规范标准，就可以很好地执行统一的标准。有设计规范后，可以减少很多设计者开发者之间的沟通时间，不会把时间浪费在重复标注等没有意义的工作上。对于同一家公司的多个产品线来说，统一的UI规范，可以对多个产品在图标、主题色彩等方面进行规范，使得产品统一。

本任务在设计之前应该制定一套标准，标准包括软件涉及的每个窗口和标签的大小、标签颜色、字体等方面。

1）色彩体系。高亮色、文字色、分割线色、背景色、辅助色，以及按钮不同状态的颜色等规范，如图5-35所示。

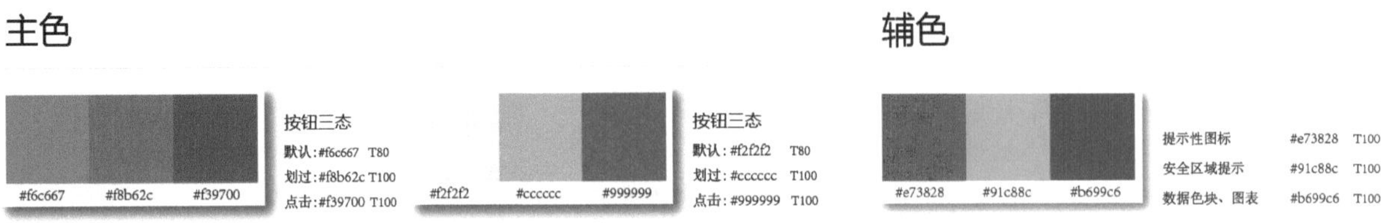

图5-35　色彩规范

2）图标（ICON）体系。包括线条粗细，圆角大小等，一般会使用坐标纸规范尺寸比例，如图5-36所示。

图5-36　部分图标规范

3）文字及排版尺寸体系。包括中英文字体字号，字体的使用规范等，还包括对象的定位、尺寸等，如图5-37所示。

（5）配合后端开发人员适配　由于前端需求的接口格式后端并非能100%满足，处理接口时总有技术理解差异，因此前端调试文件和后端文件有差异，前端应配合后端开发人员适配。

图5-37　文字及排版规范

任务拓展

根据示例完成播放器其他界面的设计，如登录界面、播放界面、本地歌曲等界面，如图5-38所示。

图5-38　其他界面设计

项目评价

1. 音乐播放器界面设计项目评价表

音乐播放器界面设计项目评价表

图标完整度（25分） 图标一致性 图标效果吸引力 拟物化、扁平化	布局标准（25分） 布局合理 色彩搭配	导航界面（25分） 尺寸规范 布局合理	制作规范（25分） 文档规范 图形格式 颜色标准

2. 学生自我评价表

学生自我评价表

音乐播放器界面设计项目		拓展项目		学习体会
是否完成（是/否）	所用时间	是否完成（是/否）	所用时间	

备注：学习体会一项的填写需特别注意避免简单的心情描述，需要详细写明通过项目练习所学习到的新的知识及自己感觉难以理解的知识。

3. 企业专家评语

项目企业鉴定表

作品是否通过验收（是/否）	作品鉴定

鉴定公司名称：　　　　　　　　　　　　　　　鉴定人：

项目2
企业后台管理系统界面设计

 项目描述

本项目主要任务是帮助客户设计企业后台管理系统界面，企业后台管理系统不仅要满足大部分的日常管理工作，如经营活动、员工管理、日程安排和工单等，还要通过分析账目中的数据，找出问题并改善经营，有效提高企业的利润。

 学习目标

1. 了解企业后台管理系统界面设计的工作流程
2. 通过项目制作，学习网页界面设计制作规范
3. 学习Web产品的制作规范标准

任务 1 设计前期准备

任务分析

一款软件产品包含了战略层、范围层、结构层、框架层、表现层。而作为UI设计师，表现层是其工作的主要内容，这里说的"表现层"是指视觉设计层面。在界面的视觉设计中包含5个视觉要素：色彩、文字、图标、图片、空间。助理设计师小露接到该任务后，首先需要确定此项目的风格，他在网上查询并学习了很多优秀的案例，如图5-39所示。

图5-39　Web风格展示

我国的Ant Design、Element等公司的产品已经实现了端到端的体验一致，把交互、前端和视觉的事情一并解决了，是值得学习的典范，这些优秀的设计规范都包含以下几个特点：

- 灵活（Flexible）；
- 可拓展（Expansive）；
- 系统的（Systematic）；
- 标准的（Standard）。

通过调研和用户需求分析，本任务中的企业人员架构复杂、业务广泛，需要精准的统计功能和任务发布功能。

任务实施

1. 菜单和功能分析

1 制定框架层级如图5-40所示。

首先，对Web页面的层级进行梳理，包括底层、内容层、导航层、菜单层、插件层和弹窗层。搭好基础框架后，所有的控件组件都会在这个框架内搭建。搭好框架，除了方便设计师自己去清晰地理解系统，也有助于与前端开发高效交流，例如，在做模态弹窗时，如果没和开发端交流好，只说弹窗写在了菜单操作的位置，就有可能出现问题。

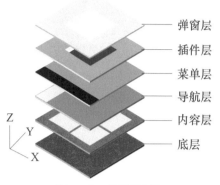

图5-40　框架层级

2 分析好Web页面架构所需要的层级后，开始为系统设计实用的菜单和关键信息位置。首先需要了解企业的需求，需要系统包含什么功能，如财务账单电子化查看、每日销售数据查看、报表查看、员工信息查看等；在销售数据中又需要突出哪些重点信息，如新增会员人数、用户量、订单与用户比例等，如图5-41所示。

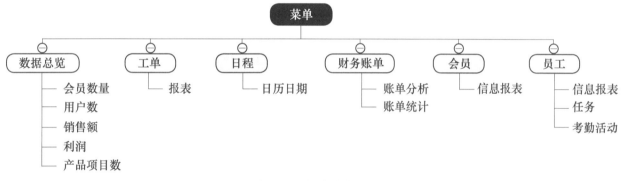

图5-41　菜单内容分析图

2. 布局设计

1 新建文档并进行设置，初步确定好布局内容，如图5-42所示。

图5-42　页面布局图

根据布局图，开始制作页面文档，Web页面常用宽度为1920像素，高度为2110像素，设置分辨率为72像素/英寸，如图5-43所示。

2 区分和建立导航、菜单、内容区，首先建立菜单和功能按钮区域，使用"矩形工具"，双击页面空白区域，设置好参数：宽度为202像素，高度为1000像素，色值为#1c2b36，并放置在页面最左端，如图5-44所示。

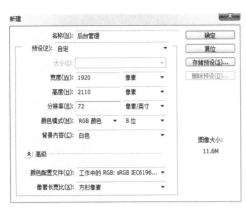

图5-43　新建文档

图5-44　区分使用区域

3 添加菜单按钮。设定好按钮的宽度和高度，然后依次开始制定在菜单区域的几个按钮，如：Logo、标题、数据总览、工单、日程、财务账单、会员、员工等功能按钮的位置和大小；使用"直线工具"绘制宽度和高度分别为201像素和1像素的直线，并放置在距离顶端55像素处，Logo区域就设定完成了，如图5-45所示。

接下来就是建立新的分割线，设置分割线距离为55像素，如图5-46所示。

设置所有按钮的高度为39像素，这样菜单区域的规划就完成了，如图5-47所示。

图5-45　设置Logo区的高度

图5-46　设置标题区的高度

图5-47　设置菜单按钮的统一高度

4 设置相对应的菜单名称和单击效果。按钮的单击状态会给用户带来触控的感觉，页面转换也会变得自然。菜单名称分别是，Logo区域：门店管理，标题区域：导航，按钮区域：数据总览、工单、日程、任务、财务账单、会员、员工，如图5-48所示。配上合适的图形图标，该菜单就完成了，如图5-49所示。

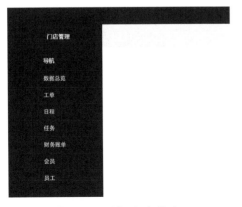

图5-48　添加文字信息

图5-49　添加与文字符合的图形图标

必备知识

1．网页界面设计常识

（1）常用字体简介　中文字体种类大致分为：宋体、黑体、仿宋、楷体、其他（变体字），如图5-50所示。

西文字体种类大致分为：无衬线体、罗马正体或衬线体、意大利斜体、手写体、黑字体（哥特体）。

（2）字体使用规则　在Windows系统中，常用字体有微软雅黑、黑体、宋体等，最小字号推荐使用12px，正文字号推荐使用14px，标题字号推荐使用18px、20px、24px、28px、32px等，尽可能使用偶数。行间距一般为字号的1.5～1.8倍。

在Mac OS系统中，常用中文字体有苹方体、思源黑体、华文细黑等，英文字体有Helvetica、SanFrancisco等。

（3）运用字体库实现图标　在管理系统的一些内部功能页面中，运用创新的图标并不是那么多，借字体库就能实现简单对应的图标功能。前端开发人员也可调用字体库实现图标展示。

例如，常见的字体库fontawesome就能提供可缩放的矢量图标，可以使用CSS所提供的所有特性对它们进行更改，包括大小、颜色、阴影或者其他任何支持的效果，如图5-51所示。

图5-50　常用字体

图5-51　字体库运用

任务 **2** 主界面功能模块设计

任务分析

首先在页面内容处创建确定好的功能详情图，如统计表如何展示，分析数据该用什么进行，然后详细地把菜单和项目需要的一系列功能展现在首页上。

任务实施

1．统计数据表

1 制作展示统计数据的曲线，统计数据曲线图如图5-52所示。

2 首先建立统计数据曲线图的底层。双击空白处创建矩形，设置数值为843×423像素，如图5-53所示；并在其中绘制6×10的方格，方格边界使用浅灰色（#ebebeb），以此方格为底，如图5-54所示。

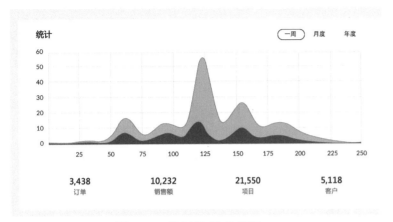

图5-52　统计数据曲线图

图5-53　创建矩形以及设置参数

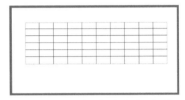

图5-54　创建浅灰色方格

3 增加x轴y轴刻度，并在下方填入订单、销售额、项目、客户等资料的数量，作为提供绘制曲线的数据显现源，x轴y轴刻度和中文字颜色使用#555555，资料数量则使用加粗字体。增加标题：统计；增加可选显现按钮：一周、月度、年度，如图5-55所示。

4 使用"钢笔工具"勾勒出曲线，制作两次曲线，完成表格的制作，如图5-56所示。

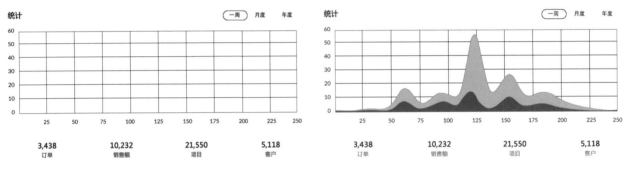

图5-55　填写资料　　　　　　　　　　　　图5-56　完成统计表格的制作

2．绘制用户分析的饼图

1 创建用于分析客户消费情况的饼图，如图5-57所示。

2 建立用户分析的底层。双击空白处创建矩形，设置数值为552×423像素，如图5-58所示。

3 添加数据、标题还有时间跨度。采用不同的颜色区分年龄层，并绘制出饼图所需要的圆的位置，如图5-59所示。

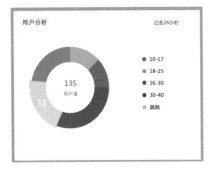

图5-57　创建基本图形

图5-58　创建底层

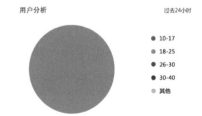

图5-59　添加数据并开始绘制饼图

4 以圆心为准开始绘制三角形，填充对应的颜色年龄层，以便提示用户操作系统所选区域；选中所有三角形，以圆为基准，在图层选项上，右击添加剪贴蒙版，如图5-60所示。

5 在饼图中央添加一个新的白色的圆，里面填写所选区域的用户量数据，外部增加光标移动进饼图时的动效，如停留区域放大并显示数量；最后完成用户分析的饼图制作，如图5-61所示。

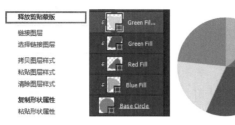

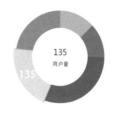

图5-60　开始绘制饼图　　　　　　　　　　图5-61　完成绘制饼图

3. 展示整个系统完整布局和首页界面

完成整个系统布局和首页界面，如图5-62所示。

图5-62　展示整个系统完整布局和首页界面

必备知识

设计规范：适用于Web产品线的人机交互界面设计的指导手册。

贯穿以用户为中心的设计指导方向，根据Web产品的特点制定出的一套规范，以达到提升用户体验、控制产品设计质量、提高设计效率的目的。

1．规范的意义

（1）统一识别　设计规范能使页面相同属性单元相对统一，防止混乱，甚至出现严重错误，避免用户在浏览时理解困难，减少用户的使用难度。

（2）节约资源　除了活动推广等个性页面外，设计其他页面时使用本规范标准能极大地减少设计时间，达到节约资源的目的。

（3）重复利用　相同属性单元、页面新建时可以执行此标准，有利于阅读和信息传达，减少对主体信息传达的干扰。

（4）上手简单　在招收、加入新的设计师或前端时，查看此规范标准能使他们上手工作的时间更短，减少出错。

2．指导标准

（1）网页宽度　如果是1280的分辨率，网页设置成1258px的宽度会相对安全一些，正文宽度980px不变，涉及有背景图案的专题页时，宽度可设置成1440px，正文宽度设置成980px不变，如图5-63所示。

图5-63　网页宽度

（2）颜色　设计时使用216Web安全色，选择RGB/8位，其他模式的颜色色域很宽、颜色范围太广，在不同的显示器上会有失色现象。活动专题页的设计可以不按照此规范执行。颜色规范如图5-64所示。

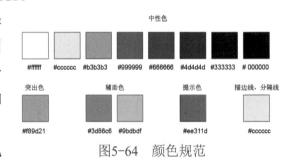

图5-64　颜色规范

1）此配色为参考性配色，其中突出色和辅助色不能更改，否则会造成网站整体风格不一致的现象。

2）中性色为参考性配色，尽量使网站风格一致即可，无须为追求完全一致而对网站造成其他损失。

3）描边线和分隔线若无特殊情况，应该严格遵守此规范，若遇到特殊情况（如 #cccccc与背景发生冲突），可以考虑更改，但必须保证页面的一致性，不能使页面显得太过突兀。

（3）字体

1）默认中文字体为宋体，正文内容、小标题、普通文字按钮、链接等均可采用。
导航、数字等可采用微软雅黑字体。

2）字体样式。可采用不加粗、加粗、下划线，正式页面中绝对不能使用斜体。

3）大小。"20px"多用于导航；"16px"多用于大标题等；"14px"多用于小标题、重要的文字按钮等；"12px"多用于正文内容、辅助性文字等。

4）颜色。重要文字可采用#333333（20%的灰），若需要突出时可用突出色；常规文字可采用#d4d4d（30%的灰）；辅助文字可采用#99999（60%的灰）；提示文字可采用 #ee311d（橙红）；某些链接可采用#3d86c6（蓝）。

通常使用宋体和微软雅黑常规字体，无特殊情况不引入其他字体。字体大小遇到特殊情况可以调节，但是必须为偶数像素。

（4）页面布局　板块排版在视觉上要符合纵向分割，横向间距模块统一，纵向可根据页面内容适当分区，如图5-65所示。

（5）网页栅格　两栏可采用左侧导航、菜单、帮助信息等，右侧内容区域，如图5-66a所示；也可采用左侧内容区域，右侧广告位等，如图5-66b所示。

三栏采用左侧导航、菜单、帮助信息等，中间内容区域，右侧广告位等，如图5-67所示。

图5-65　页面布局　　　　图5-66　两栏栅格　　　　图5-67　三栏栅格

（6）图标　制作规格要求统一的视角、倒影、材质、尺寸，颜色数量尽量不超过三种。

图标必须会意直观，这是图标区别于文字的价值所在。

（7）命名　图片命名要求规范，建立良好文档规范，养成良好命名习惯，能有效提高工作效率，利于合作。

页头：header	内容：content	页面主体：main	按钮：button/btn
页尾：footer	导航：nav	侧栏：sidebar	点击：click
栏目：column	整体布局：wrapper	左/中/右：L/C/R	滚动：scroll
水平/垂直：H/V	标签：tab	菜单：submenu	已浏览：visited
摘要：summary	鼠标悬停：hover	广告横幅：AD/banner	

任务拓展

根据图5-68所示的公司信息管理大厅首页原型图，参考已完成的主界面功能模块的设计，完成公司信息管理大厅首页的设计。

图5-68　公司信息管理大厅首页原型图

 项目评价

1. 企业后台管理系统界面设计项目评价表

企业后台管理系统界面设计项目评价表

图标完整度（25分） 图标一致性 图标效果吸引力 拟物效果	布局标准（25分） 比例准确 表意清晰 结构、材质、色彩清楚	导航界面（25分） 尺寸规范 布局合理	制作规范（25分） 文档规范 图形格式 颜色标准

2. 学生自我评价表

学生自我评价表

企业后台管理系统界面设计项目		拓展项目		学习体会
是否完成（是/否）	所用时间	是否完成（是/否）	所用时间	

备注：学习体会一项的填写需特别注意避免简单的心情描述，需要详细写明通过项目练习所学习到的新的知识及自己感觉难以理解的知识。

3. 企业专家评语

项目企业鉴定表

作品是否通过验收（是/否）	作品鉴定

鉴定公司名称：   鉴定人：

 实战强化

登录本校选课系统，分析选课系统的框架结构，明确各页面的基本功能划分。请绘制选课系统原型图，再根据原型图设计选课系统页面。

单元小结

本单元概括了计算机软件界面设计的相关基础知识，通过音乐播放器界面设计和企业后台管理系统界面设计两个任务，了解软件界面设计的方法，体验计算机软件设计的流程。

通过助理设计师小露的成长，可以看到，界面代表着软件的形象，用户是首先通过界面来认识软件的。软件界面设计是产品开发中非常重要的方面。界面设计师必须要牢记：界面是面向用户的，开发者开发的软件界面必须满足用户的需求，并且保证方便用户的使用。

学习单元6
游戏UI设计

➤ 单元概述

好的游戏UI要求画面精致，符合游戏故事背景，符合游戏定位群体，符合用户的基本操作习惯，还要很好地引导用户跟着你的思路去操作，去实现玩家的个人目标。

在制作游戏UI之前已经有确定的概念设计和原画设定，UI设计师并不能主导游戏风格，而是需要更好地符合游戏概念设定。游戏UI设计不是一个人完成的，需要一个团队。

➤ 学习目标

1．能够按要求制作出符合游戏定位的操作界面

2．通过项目制作，学习游戏界面设计制作的规范

3．通过学习游戏界面，了解用户在游戏中的体验想法与人机交互，进一步完善界面

项目1
游戏元素设计

 项目描述

E-Design设计公司近期承接"末日拯救"的动作类游戏设计项目。"末日拯救"是一款传奇类游戏，包含传统的"铁三角"职业，分别有"战士""法师""刺客"。不仅做到了职业上的复刻，就连最经典的技能："雷电术""魔法盾"甚至"召唤术"也一一重现，还提供品种繁多的公会任务，游戏采用竖版2.5D设计，单手操作无难度，元宝、金币、装备全部均由"打怪"获得。

项目总监将此款游戏中"战士"的装备升级图标及装备升级弹出界面的设计任务分配给β小组，由小雪负责，助理设计师小满辅助小雪完成该项目。小雪首先定义了本次项目的要求，通过项目资料了解此项目的风格，并和小组成员共同分析了游戏元素设计要素，如图6-1所示。

1）形象特征：就是以生活中真实的物体作为原型设计出来的。

2）属性特征：在游戏中的属性特征。

图6-1 游戏元素设计要素

之后按照客户提出的要求，开始设计游戏"末日拯救"中"战士"的装备升级图标及装备升级弹出界面。

任务 1 游戏图标设计

任务分析

β小组设计师小雪接到任务后明确完成任务的流程，将从查找资料、绘制草图、确定风格、绘制图标、输出完成5个步骤进行制作。根据客户提供的相关游戏原画素材，小雪开始着手设计图标，并完成了前3个步骤，接下来进入绘制图标的工作。

任务实施

在本任务中，使用数位板在Photoshop软件中进行绘制，在开始绘制图标之前，要先完成数位板驱动程序的安装。

1. 常规参数设置

1 新建文档。启动Photoshop软件，打开"新建"对话框，设置宽度为2048像素，高度为2042像素，分辨率为300像素/英寸，颜色模式为RGB颜色，如图6-2所示。

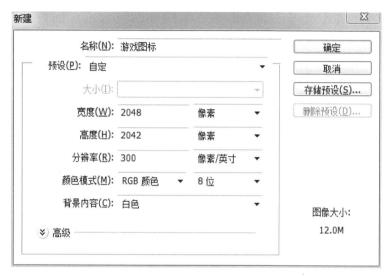

图6-2　新建文档

2 设置笔刷。选择"画笔工具"，单击"切换画笔面板"按钮打开"画笔"面板，选中30号画笔，同时勾选形状动态、传递、建立和平滑4个选项，画笔会出现变化，如图6-3所示。

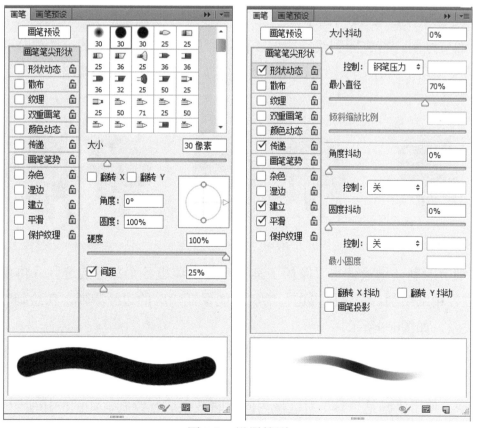

图6-3　设置笔刷

3 新建图层。在"图层"面板下单击"创建新图层"按钮，创建一个用于绘制图标草稿的新图层，在图标的绘制过程，要根据制作的需要及时创建新图层，以便于后期的修改或调整。

2. 绘制图标

1 绘制图标轮廓。首先单击"图层"面板，新建一个图层；接着使用"画笔工具"在视图区域绘制轮廓，轮廓绘制时要把握造型的特征；最后对轮廓进行细节的深入完善，进行造形体积转折等变化，如图6-4所示。

2 绘制图标线稿。首先使用"钢笔工具"对图标的轮廓进行描摹，并且通过使用"转换点工具"对描摹的轮廓进行调整；接着右击"描边路径"命令，在弹出的"描边路径"对话框中选择"画笔"，同时取消"模拟压力"选项，再对路径进行描边；最后重复多次以上操作，完成效果如图6-5所示。

图6-4　绘制图标轮廓　　　　图6-5　绘制图标线稿

3 确定色彩。首先使用"魔棒工具"将背景图层选中，再新建一个图层，随后使用"选中"下的"反向"命令选出头盔的轮廓；接着为头盔整体填充黄色，再使用"魔棒工具"对头盔中的其他颜色进行填充，效果如图6-6所示。

4 确定明暗关系。使用"加深工具"和"减淡工具"对头盔的亮部和暗部分别进行绘制，确定整体明暗效果，如图6-7所示。

5 进行细节绘制。首先回到线稿图层，使用"魔棒工具"选中某一个部分并调出选区，随后再在明暗关系层上新建一个图层，使用"画笔工具"对该区域的明暗变化进行细致刻画，效果如图6-8所示。

图6-6　确定色彩　　　　图6-7　确定明暗关系　　　　图6-8　进行细节绘制

6 深入细节绘制。继续使用"魔棒工具"来分别调出各个部分的选区，再使用"画笔工具"对细节进行精细绘制。在选区内进行绘制，能保证轮廓的边缘清晰，在绘制时要考虑前后的虚实变化关系，如图6-9所示。

7 绘制宝石。首先使用"钢笔工具"勾勒出宝石的轮廓，并填充宝石颜色为蓝色；接着继续使用"钢笔工具"绘制出宝石的切面轮廓，随后将轮廓转化为选区，按组合键<Ctrl+Enter>，使用"画笔工具"对区域内的明暗效果进行绘制，如图6-10所示。

8 添加高光。使用"钢笔工具"对头盔中的高光形状进行绘制，随后将轮廓转化为选区，使用"画笔工具"对高光部分进行提亮处理，如图6-11所示。

9 完成效果。首先对完成的头盔使用"盖印图层"，按组合键<Ctrl+Alt+Shift+E>得到一个完整的头盔图标；接着按住<Ctrl>键并单击头盔图标图层，调出该图层选区；对头盔反光的位置进行绘制，颜色可以选择与金色反差效果较大的浅蓝色，最终完成效果如图6-12所示。

图6-9　深入细节绘制　　　　图6-10　绘制宝石　　　　图6-11　添加高光　图6-12　完成效果

必备知识

1. 游戏图标理论基础

（1）图标定义　图标是指具有明确指代含义的图形，并具有快捷传达信息、便于记忆的特征。

（2）游戏图标的分类　游戏图标包括品牌图标（游戏Logo）、功能图标、物品图标、装备图标和技能图标。

1）品牌图标：品牌图标是游戏Logo也是游戏快捷方式，注重识别性和唯一性。

2）功能图标：主要用于表示某一类功能或操作，通常会有组织、有规律地在某一功能模块出现。功能图标强调识别性、概括性。

3）物品图标：游戏中使用的物品的标识，通常比较具象化。

4）装备图标：表现游戏的时装、防具、饰品、武器的图形标识。

5）技能图标：主要是玩家在游戏中释放技能的功能性图标，也可以分主动技能和被动技能。

（3）游戏图标的设计原则

1）可识别性原则：不同类型图标的差异性尽量拉开，要让用户一眼能感觉到图标的独特性，帮助用户快速而准确地辨认图标。

2）统一原则：相同功能的图标尺寸要保持一致，同一系统中光源一致。

3）简洁原则：简洁原则多用于功能图标，不过分追求图标的精细度，以避免弱化图标的识别性。组成图标的要素也要尽量简洁，最好不要超过3个。

2. 色彩理论基础

（1）色彩关系

1）三原色：三原色是指色彩中不能再分解的3种基本颜色，三种基本颜色相互混合可以产生出所有的颜色。黑白灰属于无彩色。色彩三原色是红、黄、蓝。屏幕三原色为红、绿、蓝，也叫色光三原色，相加混合为白色，如图6-13所示。

图6-13　三原色

2）互补色：在色环上相隔180度，是对比最强的色组，在三原色中，这两种相隔180度的色光等量相加会得到白色。经典互补色有黄色和紫色、黄色和蓝色、红色和绿色。互补色在视觉上给人非常大的冲击力，所以常给人潮流、刺激、兴奋的感觉。

3）对比色：指在色环上相距120度到180度之间的两种颜色。对比色能使色彩效果表现明显，形式多样，极富表现力。对比色的范围更大，包括的要素更多，如冷暖对比、明度对比、纯度对比等。

4）邻近色：相互接近的颜色，在色环上的距离相距90度，或者相隔5～6个数位的两色。色相相近，冷暖性质相近，传递的情感也较为相似。例如，红色、黄色和橙色就是一组邻近色。邻近色表现的情感多为温和稳定，没有太大的视觉冲击力。

5）同类色：属于同一种颜色，但色度有深浅之分，如图6-14所示。

（2）色彩属性

色彩的三属性是指色彩具有的色相、明度、饱和度3种性质。三属性是界定色彩感官识别的基础，灵活应用三属性变化是色彩设计的基础，如图6-15所示。

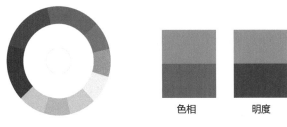

图6-14　同类色　　　　　图6-15　色彩属性

1）色相：色相是指色彩的相貌。根据光的不同波长，色彩具有红色、黄色或绿色等性质，这被称为色相。在色彩的三种属性中，色相被用来区分颜色。黑白没有色相，为中性。

2）明度：色彩的明亮程度，简单来说，就是颜色从黑到白的变化。明度最低时是黑色，明度最高时是白色。亮度高的色彩给人清新、明快的感觉；明度低的色彩给人沉重、稳定、坚硬的感觉。

3）饱和度：色彩纯粹度，是色彩的纯净程度和鲜艳程度。饱和度越低，颜色的色相就越不明显，它也与光波的幅度有关。饱和度低的颜色给人一种灰暗、不明亮的感觉，饱和度为0的颜色为无彩色，即黑、白、灰。

▌任务拓展

1．将任务1中制作完的图标进行升级，图标的装饰效果要结合角色技能"雷电术"和"魔法盾"。

2．根据"末日拯救"的图标设计任务。按照查找素材、绘制草图、确定风格、绘制图标、输出完成5个设计步骤，设计并完成铠甲部分的升级图标任务。

任务 2 游戏弹出页面设计

▌任务分析

助理设计师小满根据敲定的升级图标开始设计游戏弹出页面。小满首先列出详细的功能需求，把界面内需要展示的东西列出来，区分出哪些是玩家需要看到的内容。弹出页面设计中主要包括功能图标制作和界面布局设计两部分。

任务实施

1. 金币制作

1 新建文档。启动Photoshop软件，打开"新建"对话框，设置宽度为1024像素，高度为1024像素，分辨率为300像素/英寸，颜色模式为RGB颜色。

2 绘制金币轮廓。使用"椭圆工具"并按住<Shift>键，在视图中拖拽出一个正圆形，在"形状填充"中设置颜色为黑黄橙（#acba00），接着使用"自由变换工具"并按住<Ctrl>键，同时拖动上、下方的锚点使圆形倾斜，效果如图6-16所示。

3 绘制金币立体感。选中椭圆图层并复制一个，设置填充颜色为浅黄橙（#f8b551），使用"移动工具"将此图层朝右上方移动至适当位置；接着再复制一个椭圆图层，并使其置于最顶层，设置颜色为黑黄橙，使用"自由变换工具"并按住组合键<Alt+Shift>，使图形沿中心缩放；最后使用"移动工具"调整位置，效果如图6-17所示。

4 绘制内边缘。选中顶层最小的椭圆图形并复制一个，设置颜色为蜡笔黄橙（#facd89），将此图层朝左上方移动至适当位置；在"图层面板"中选中此图层，右击"栅格化图层"，按住<Ctrl>键并单击该图层，同时按住<Alt>键，单击其下一层图层，得到两个图层的公共部分；最后按下<Delete>键，得到效果如图6-18所示。

图6-16 绘制金币轮廓　　　图6-17 绘制金币立体感　　　图6-18 绘制内边缘

5 输入金币内钱币符号。使用"文字工具"输入"$"符号，接着使用"自由变换工具"调整符号，与金币的角度相符，效果如图6-19所示。

6 制作金币表面受光。将文字图层复制一层置于顶层，设置填充颜色为浅黄橙；接着按住<Ctrl>键并单击文字图层，调出符号的选区后再新建一个图层；最后使用"画笔工具"，选择颜色浅于该图层的颜色对亮部进行绘制，绘制时要考虑光线照射的方向。使用同样的方法对金币表面层和金币厚度层进行描绘，完成效果如图6-20所示。

7 添加高光及阴影。首先按住<Ctrl>键并单击金币表面图层，调出选区后再新建一个图层；接着单击"路径面板"下"从选区转换成工作路径"按钮，会生成一条路径。再使用"直接选择工具"，将内侧不会产生高光部分的路径删除；最后右击"描边路径"，会弹出"描边路径"对话框，在工具栏中选中"画笔"并勾选"模拟压力"。以此方法对金币需要添加高光的部分进行绘制，同时使用画笔对暗部的阴影进行绘制，效果如图6-21所示。

8 调整并完善金币明暗效果。使用"画笔工具"对金币添加高光，接着对金币的明暗进行整体调整，最终完成效果如图6-22所示。

图6-19　输入金币　　　　图6-20　制作金币　　　　图6-21　添加高光　　　图6-22　调整并完善
　　　内钱币符号　　　　　　　表面受光　　　　　　　及阴影　　　　　　　金币明暗效果

2．宝石制作

1 绘制宝石轮廓。首先使用"多边形工具"在视图中拖拽
出一个六边形；接着使用"钢笔工具"中的"删除锚点工具"
删除最顶上的锚点；最后使用"转换点工具"对图形进行调
整，效果如图6-23所示。

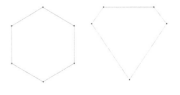

图6-23　绘制宝石轮廓

2 填充宝石颜色。首先选中图形，在"形状填充"中设置"线性渐变"，选择自上而
下、由浅至深的蓝色，效果如图6-24所示。

3 细化绘制宝石顶面。将宝石轮廓图形复制一个，使用"自由变换工具"和"转换点工
具"对图形进行调整，使其造型符合宝石顶面透视效果；接着在"形状填充"中设置"线性渐
变"，角度为0度，颜色由蓝色过渡至浅蓝色，效果如图6-25所示。

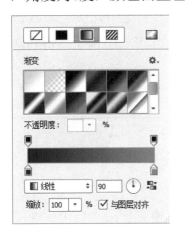

图6-24　填充宝石颜色　　　　　　　　　图6-25　细化绘制宝石顶面

4 细化宝石轮廓。首先使用"矩形工具"绘制宝石前面的切面；接着使用"转换点工
具"对图形进行调整；最后在"形状填充"中设置"线性渐变"，角度为24度，颜色由蓝色过
渡至浅蓝色，效果如图6-26所示。

5 绘制宝石切面效果。首先使用"钢笔工具"绘制宝石前面下方的切面；接着在"形状
填充"中设置"线性渐变"，角度为90度，颜色由蓝色过渡至浅蓝色；最后再使用相同的方法
对宝石的两个侧面进行制作，效果如图6-27所示。

6 细化绘制宝石切面效果。使用"钢笔工具"分别对宝石各个面绘制出切面造型，并按
前面的方法分别进行填充，效果如图6-28所示。

7 调整并完善宝石。首先使用"钢笔工具"对宝石转折部分形状进行勾勒，再右击"描
边路径"，勾选"模拟压力"，绘制出宝石的高光；最后将完成的宝石使用"盖印图层"，按
组合键<Ctrl+Alt+Shift+E>得到一个完整的宝石轮廓，将其置于最底层并添加外发光、投影和
描边的效果，最终效果如图6-29所示。

图6-26　细化宝石　　图6-27　绘制宝石　　图6-28　细化绘制宝石　　图6-29　调整并
　　　轮廓　　　　　　　切面效果　　　　　　切面效果　　　　　　　完善宝石

3. 飘带制作

1 绘制飘带轮廓。首先使用"钢笔工具"分别绘制出飘带的3个部分，并分别填充颜色为RGB洋红和CMYK洋红，效果如图6-30所示。

2 细化飘带轮廓。继续使用"钢笔工具"在飘带的连接处绘制出转折效果，填充颜色为黑洋红，如图6-31所示。

图6-30　绘制飘带轮廓　　　　　　　　　　　图6-31　细化飘带轮廓

3 完成飘带轮廓。首先在"图层面板"中选中已绘制的图层并复制一份；接着使用"自由变换工具"，右击"水平翻转"命令，完成飘带中另外一部分的制作，如图6-32所示。

4 绘制飘带光影。按住<Ctrl>键并单击对应图层，使用"画笔工具"选择颜色重于该图层的颜色，对亮部进行绘制，绘制时要考虑反光及亮部的位置，效果如图6-33所示。

5 添加飘带细节。首先按住<Ctrl>键并单击飘带轮廓的各图层，调出选区，右击选中"描边"，设置宽度为6像素、颜色为白色、位置为内部；接着使用"钢笔工具"分别绘制出缺口效果，并减去相应部分，完成效果如图6-34所示。

图6-32　完成飘带轮廓　　　　图6-33　绘制飘带光影　　　　图6-34　添加飘带细节

4. 弹出页面制作

1 新建文档。启动Photoshop软件，打开"新建"对话框，设置宽度为658像素，高度为1170像素，分辨率为300像素/英寸，颜色模式为RGB颜色。

2 确定页面构图。根据制作要求确定页面的基本构图框架。

3 制作页面背景。将游戏场景提供的素材调入至视图中，如图6-35所示。设置背景图层为黑色，调整图层混合模式为"正片叠底"，如图6-36所示。

4 制作页面按钮。选中"自定义形状工具"中的"圆角方形"，在视图中创建一个图形；再使用"直接选择工具"对图形中锚点的位置进行调整，得到按钮轮廓；接着使用"添加图层样式"对效果中的描边、内阴影、内发光、光泽、渐变、外发光、投影的参数进行设置，最终完成的按钮效果如图6-37所示。

图6-35　调入素材　　　图6-36　制作页面背景　　　图6-37　制作页面按钮

5 导入元素，添加文字。首先将之前制作好的元素分别调入文件中，调整元素的大小及位置；接着使用"文字工具"对按钮及飘带上的文字进行输入，使用字体为Berlin Sans FBDemi，颜色为白色，并在文字"添加图层样式"中添加"描边"，大小为3像素；最后使用"文字工具"输入价格文字，使用字体为Comic Sans MS，颜色为黄色，效果如图6-38所示。

6 制作光效。首先使用"矩形选区工具"拖拽出一个矩形并填充颜色，接着将该图层复制一个，再使用"自由变换工具"在水平方向移动适当距离，随后按组合键<Ctrl+Alt+Shift+T>重复上一次操作命令，复制多个等距的矩形；最后使用"滤镜工具"下"扭曲"中的"极坐标"命令，效果如图6-39所示。

图6-38　导入元素，添加文字

7 完成光效。首先按住<Ctrl>键并单击光效图层，调出该图层选区；接着使用"渐变工具"中的"镜像渐变"，选择前景色为蓝色，使用"前景色到透明渐变"，沿选区中心向外填充颜色；最后将填充好的渐变效果层复制一个，再使用"自由变换工具"调整渐变效果位置，效果如图6-40所示。

8 完成弹出页面。调整页面各元素大小位置及图层排列顺序，最终完成效果如图6-41所示。

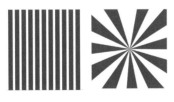

图6-39　制作光效　　　　图6-40　完成光效　　　　图6-41　完成弹出页面

必 备知识

1. 视觉逻辑

在界面设计时，视觉逻辑对于用户具有视觉引导的作用。"先看哪里、后看哪里、哪里多看一会、哪里少看一会"，这些都可以通过页面视觉逻辑的规划来实现。不少人认为界面的版块布局、色彩搭配、字体应用只是页面美观问题，其实这更关系到用户心理学的研究。清晰的视觉流程，不但可以提高用户的停留时间，更可以增强用户的购买意愿，提高用户购买率，如图6-42所示。

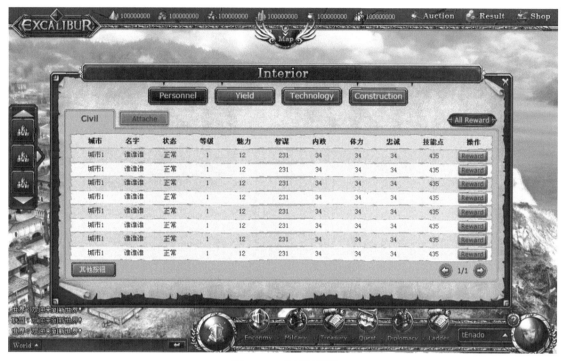

图6-42　视觉逻辑

2. 视觉逻辑设计技巧

（1）特殊效果对视觉的影响　动态的效果通常会大于其他的视觉效果。在同一个界面里，动态效果有指示或强调的作用，通常是提示最重要的信息，但是在设计时也不能过分使用，避免界面混乱，如图6-43所示。

图6-43　动态的效果

阴影能使人对物体产生立体感。同样能够使需要表现的内容凸显出来。这种凸出效果也是设计时常用的效果，在游戏界面中几乎随处可见，如图6-44所示。

不同的形状也会使内容进行分类，从而引导用户去操作，如图6-45所示。

图6-44 阴影效果

图6-45 不同形状效果

（2）构图对视觉的影响 观察画面的时候，通常首先会通观全画，然后视线停留在某一个感兴趣的点上，在设计的时候要根据视觉中心的规律，即画面的中部容易成为视觉中心，如图6-46所示。

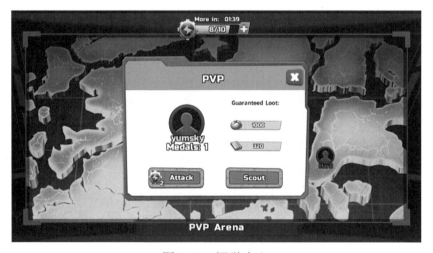

图6-46 视觉中心

在设计时，画面中面积较大的图形容易成为视觉中心，同样大的图标也比小的图标更容易引起注意，放大时的视觉中心如图6-47所示。

将要突出显示的内容以不同的排列方式区别于其他内容是在设计时常见的一种表现手法，从而达到引导用户的效果，如图6-48所示。

（3）对比度对视觉的影响 通过色彩对比突出关键信息是在设计时经常使用的一种技巧。色彩对比除了字体本身也可以通过加外框或背景等方式进行强调，如图6-49所示。

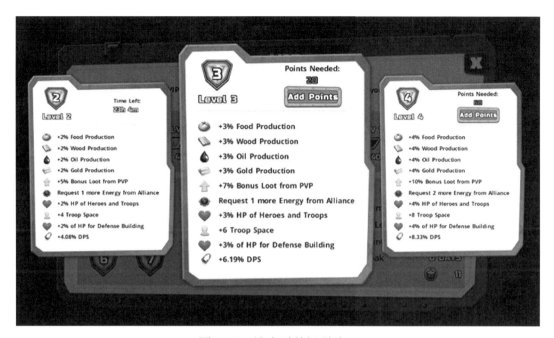

图6-47　放大时的视觉中心

图6-48　排列方式区分时的视觉中心　　　　图6-49　色彩对比时的视觉中心

　　在相同界面内，明度较高的按钮或模块代表着被激活或正在使用，对用户有很鲜明的提示作用，同时也是设计时要考虑的重要因素，如图6-50所示。

　　不同的纯度对用户在使用时有着不同的指示含义，通常黑白区域是未激活的部分，如图6-51所示。

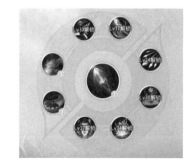

图6-50　明度对比时的视觉中心　　　　图6-51　纯度对比时的视觉中心

任务拓展

　1．收集三款不同类型游戏的弹出页面，对页面内包含的元素进行分类。

　2．收集一款相同类型的游戏弹出界面，对弹出的页面效果进行还原。

项目评价

1. 游戏元素设计项目评价表

游戏元素设计项目评价表

图标完整度（20分） 图标可识别性 图标效果吸引力	页面元素（30分） 元素图标的一致性 元素图标的简洁性 元素图标效果	页面效果（25分） 逻辑架构清楚 易于操作使用 页面效果	制作规范（25分） 文档规范 图形格式 颜色标准

2. 学生自我评价表

学生自我评价表

游戏元素设计项目		拓展项目		学习体会
是否完成（是/否）	所用时间	是否完成（是/否）	所用时间	

备注：学习体会一项的填写需特别注意避免简单的心情描述，需要详细写明通过项目练习所学习到的新的知识及自己感觉难以理解的知识。

3. 企业专家评语

项目企业鉴定表

作品是否通过验收（是/否）	作品鉴定

鉴定公司名称：　　　　　　　　　　　　　　鉴定人：

项目2
侦探游戏界面设计

 项目描述

　　"侦探推理社"这款游戏是基于电视节目和线下桌游产生灵感而设计出来的。在游戏设计中要了解游戏的整个流程，才能知道界面要如何设计，用户操作流程怎么进行。在设计风格上要大众化、市场化，才能在游戏市场上独占鳌头，把用户体验做到最佳。

　　项目总监将此款游戏的界面设计任务分配给β小组，由小雪负责，小雪首先和小组成员分析了本次项目的要求，并共同着手进行"侦探推理社"这款游戏的界面设计。

任务 1　设计前期准备

任务分析

β小组设计师小雪接到任务后，和小组成员首先从社会可行性、技术可行性和经济可行性3个方面进行系统分析。接着从游戏的开发意图、开发环境、应用目标和作用范围4个方面明确了开发目标。

任务实施

游戏设计可以分为两部分：游戏编码设计和UI设计。程序编码设计主要是把策划的设计实现出来，而游戏UI设计在工作流程上分为结构设计、交互设计、视觉设计3个部分。根据以往的设计经验，确定侦探游戏UI设计流程，如图6-52所示。

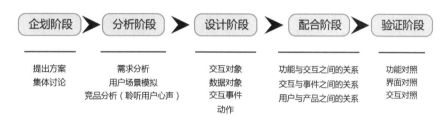

图6-52　设计流程

游戏企划人员整合所有系统模块，并通过VISIO等工具进行简单的功能展示，提出几种不同界面风格的方案，如图6-53所示。

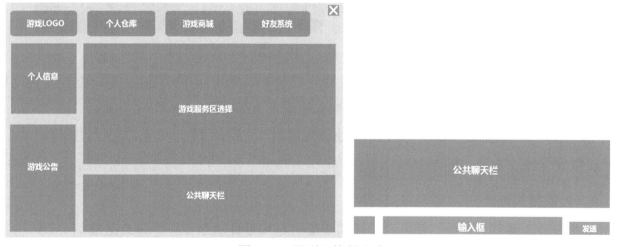

图6-53　界面风格的方案

游戏制作成员集体讨论，尝试确定方向及内容，包括设计风格及系统模块的删减或增加，如图6-54所示。

设计人员给出界面风格效果样图如图6-55所示，游戏制作人员集体讨论，再寻找一些普通用户给出意见。

根据总结意见，在原有的设计风格基础上进行修改，使其不断缩短与大部分用户的意见差异。重复修改两次以上，修改出的设计风格通常没有太大问题。

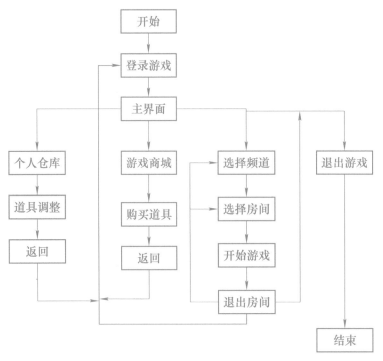

图6-54　设计风格及系统模块

图6-55　界面风格效果样图

　　美术人员按照游戏企划人员所提出的功能正式绘制UI图片，并和程序人员一起讨论建立设计制作规范，并提供接口流程及规范，尝试配合后端人员在界面中完成特效功能。

　　第一版界面功能完成，这时产品的研发也进入后期，需要多召集一些用户进行大规模测试。

必备知识

1. 界面结构设计

　　结构设计也称概念设计，是界面设计的骨架。结构设计就是安排各模块之间的关系，分析出用户对功能信息的获取点，实现游戏的功能，改善用户体验。

　　1）有足够的空间让用户看到主要的内容，要适合多数浏览器（以15、17、19寸显示器为主）的要求，页面长度原则上不超过3屏幕，宽度不超过1屏幕（以1024×768px为准）。

　　2）尽量避免使用结构复杂的表格，表格嵌套不要超过3层。

　　3）页面避免使用iframe，如果必须使用，采用对应的优化方式（优化是指：对浏览器是否支持框架进行判断以及iframe宽高度自适应页面）。

　　4）页面布局要重点突出，图文并茂；通过数据统计，将目标客户最感兴趣的内容放置在最重要、最显著的位置（一般为页面的头部和左上角）。

在进行UI结构设计时要注意以下几个方面：

1）划分出各模块功能间的主从关系。

2）同类模块间要进行分类。

3）确定各个模块间的切换入口。

4）设计要尽量符合用户的阅读习惯，不要有过于跳跃性的创新。

5）能单击的功能区一定要突出。

6）功能类似的模块，风格尽量也相似。

7）同一功能模块的导航按钮，其大小、风格尽量统一。

8）文字尽量简化，界面不要太拥挤，不要给人堆砌的感觉。

9）所有的设计都要围绕让用户用最短的时间、最简单的方法，获取最多的信息。

2．界面设计原则

不同游戏的界面需要根据其自身特点去设计，而一款比较出色的UI设计不仅让游戏独具特色，还可以让游戏操作变得简单、易学，增加游戏上手度。大部分游戏产品的UI设计都会遵循一定的原则，而不仅仅是漂亮、美观、符合游戏风格。界面设计原则如图6-56所示。

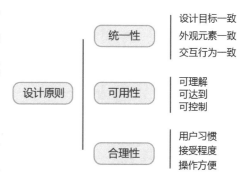

图6-56　界面设计原则

1）在UI设计时要保持设计的一致性。一致性包括使用标准的模块结构模式，也指使用相同的信息表现方法，如字体、颜色、术语、信息显示等方面的一致。

2）UI结构简洁、有序、易操作。

3）快捷键与功能单词语意保持一致。

4）在用户等待界面出现时，可以通过界面或光标的动态效果，减少用户的厌烦感。

5）重要的信息要突出，信息内容要对用户有引导作用。

6）数据的输入要尽量简化用户动作，最好通过鼠标单击就能完成。

7）进入运营阶段的UI尽量不要做大幅度变化。

任务拓展

选择三款热门游戏，对比分析三款游戏界面的设计构架，写一篇不少于500字的游戏界面分析报告。

任务 2 侦探游戏界面制作

任务分析

β小组根据项目实施分析，明确了页面的需求和开发目标。在界面设计制作阶段，设计师小雪将从配置界面框架、绘制界面背景、设计交互区、游戏顶头信息设计和底部菜单设计5个步骤进行。

任 务实施

1. 配置界面框架

1 新建文档。启动Photoshop软件，打开"新建"对话框，设置宽度为1080像素，高度为1920像素，分辨率为300像素/英寸，颜色模式为RGB颜色，如图6-57所示。

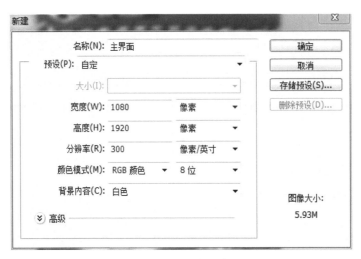

图6-57　新建文档

2 设计界面构图。首先在工具栏中使用"矩形工具"绘制出界面背景，其中顶部拱形的区域可使用"钢笔工具"中的"形状"进行绘制；接着再使用"圆角矩形"和"椭圆工具"分别绘制出界面的各功能区，在使用"圆角矩形"和"椭圆工具"时，需要根据实际需要调整圆角半径以满足设计需要；最后使用"路径选择工具"调整以确定各模块的排版构图，如图6-58所示。

3 细化界面构图。在完成各功能区基本构图的基础上，还需要设计各模块内元素的构图，继续使用"圆角矩形"和"椭圆工具"对各元素的排版进行绘制和调整，完成效果如图6-59所示。

4 界面配色。界面的颜色搭配需要设计师根据之前的配色方案进行制作。首先使用工具栏中的"路径选择工具"，选中界面中需要添加颜色的模块，在选项栏中找到"填充"，并在其中找到适合的颜色；接着再对其他模块使用相同的操作，完成界面配色方案；最后根据方案效果，调整个别模块区填充效果，在选项栏中找到"填充"设置"填充形状"的类型为"渐变"，最后完成配色方案效果如图6-60所示。

图6-58　设计界面构图　　图6-59　细化界面构图　　图6-60　界面配色

2. 绘制界面背景

1️⃣ 导入素材。制作背景的素材通常会选择游戏中的效果图或游戏原画。在本任务中找到适合界面效果的素材并导入软件中，如图6-61所示。

2️⃣ 制作背景。导入界面的素材需要对颜色和效果进行调整，使素材的效果更加统一，同时还需要完成界面顶部信息区效果制作。首先对背景中的"树林""山"和"夜空"绘制柔化效果，以区分前后的空间关系；接着将顶部用到的素材置于绘制的顶部信息区图形的上一层，在"图层面板"中选中素材图层后右击，选中"创建剪切蒙版"，信息区会根据绘制的图形剪切出素材的形状；最后在"图层面板"中为图形指定"图层样式"中的"渐变叠加"，设置透明度为78%，渐变颜色为深紫色到浅紫色的渐变，使整体效果更统一，完成效果如图6-62所示。

图6-61　导入素材　　　　　　　　　　　　图6-62　制作背景

3. 设计交互区

1️⃣ 绘制主要交互区。首先使用工具栏中的"路径选择工具"，选中主要交互区中的模块，在"图层面板"中为图形指定"图层样式"中的"渐变叠加""描边"，设置"渐变叠加"的颜色为从#bd5a1f到#fada72，样式为渐变，角度为90度，"描边"中颜色为#713b15，大小为3像素；接着再使用"矩形工具"绘制底部的暗部和亮部，颜色分别为#91491c、#fbdc7b，完成效果如图6-63所示。

2️⃣ 细化主要交互区效果。首先选中主要交互区内的圆角矩形，在"图层面板"中为图形指定"图层样式"中的"颜色叠加""描边"，设置"颜色叠加"的颜色为#fba869，样式为渐变，角度为90度，"描边"中颜色为#f7e1a9，大小为3像素；接着再导入交互区的素材图，使用前面讲过的"创建剪切蒙版"方法，完成效果如图6-64所示。

图6-63　绘制主要交互区　　　　　　　　图6-64　细化主要交互区效果

3️⃣ 完成交互区效果。首先导入"案发现场"素材，在"图层面板"中为图形指定"图层样式"中的"投影"，颜色为黑，不透明度为75%；接着再新建一个图层，填充颜色为橙色渐变并调整其位置，透明度为50%；最后对图层使用"创建剪切蒙版"，使其颜色叠加至"案发现场"素材上，效果如图6-65所示。

4️⃣ 完成交互区文字效果。首先使用"文字工具"输入相应文字，在"图层面板"中为文字层指定"图层样式"中的"描边""渐变叠加"和"投影"，描边颜色为#b66624，大小为

3像素。渐变叠加的颜色分别为#faf1b3和#ffffff。投影的颜色为黑色，不透明度为50%；接着再以此方法设计其他文字效果；最后设置交互区单击按钮，选中圆角矩形图形，指定"图层样式"中的"描边"颜色为#f5f74d，大小为3像素。在混合选项中设置填充不透明度为30%，效果如图6-66所示。

图6-65　完成交互区效果　　　　图6-66　完成交互区文字效果

5 制作未激活交互区效果。首先将前面制作好的交互区复制一个，执行"图层面板"→"组"→"图层样式"→"颜色叠加"命令，设置颜色为黑色，不透明度为50%；接着导入未开启的锁链素材，调整其大小及位置，效果如图6-67所示。

6 完成其他交互区的制作。按照之前的方法继续完成其他交互区的制作，效果如图6-68所示。

图6-67　制作未激活交互区效果　　　　图6-68　完成其他交互区的制作

4. 游戏顶头信息设计

1 制作"选择"按钮。首先使用"圆角矩形"工具绘制3个圆角矩形，并分别填充颜色#5e82d8、#4d3cce和#6aa4f1；接着再使用"钢笔工具"在圆角矩形上添加锚点，并调整这些锚点的位置；最后将3个图形叠放在一起，完成效果如图6-69所示。

2 完成"选择"按钮。首先使用"文字工具"输入相应文字，设置字体颜色为白色；接着在"图层面板"中为文字层指定"图层样式"中"投影"的颜色为黑色，不透明度为75%，再根据需要调整距离和大小；最后制作一个向下的三角形标识，并设置其效果，这样就完成了一个"选择"按钮。对于另外一个按钮，可将原按钮复制一个，再修改其文字信息即可。效果如图6-70所示。

3 默认头像框制作。首先使用"椭圆工具"和"矩形工具"绘制出头像框的造型；接着为头像框的造型制作金属效果，分别在"图层面板"中为图层指定"图层样式"，在"斜面和浮雕"中使用雕刻清晰，深度为123%；"内阴影"中的混合模式为亮光；"内发光"中混合模式为颜色减淡，不透明度为20%，设置发光颜色为白色；"光泽"中的混合模式为颜色减淡；"渐变叠加"中的混合模式为正片叠底，渐变颜色为#83878c、#dfdfdf、#83878c；"图案"中使用灰色花岗岩花纹纸；"外发光"颜色为黑色；"投影"颜色为黑色，大小为4像素，扩展为4像素；最后导入头像素材，对图层使用"创建剪切蒙版"命令，完成效果如图6-71所示。

图6-69　制作"选择"按钮　　图6-70　完成"选择"按钮　　图6-71　默认头像框制作

4 顶头图标制作。首先使用"圆角矩形"工具，分别绘制出多个圆角矩形图形；接着对图形填充颜色，依次为#cd7531、#dd8038、#ffc613、#fee67f、#ba5817；最后将图形叠放在一起，并分别在"图层面板"中为图层指定"图层样式"，"颜色叠加"的颜色为#ffc613，"投影"中的颜色为#ce5e1c，不透明度为50%，大小为3像素，效果如图6-72所示。

5 完成游戏顶头信息设计。使用"文字工具"分别输入相应的文字内容，再继续完善顶头信息效果，最终完成效果如图6-73所示。

图6-72　顶头图标制作　　　　　图6-73　完成游戏顶头信息设计

5. 底部菜单设计

设计完成底部菜单。首先对底部菜单图形在"图层面板"中为图层指定"图层样式"，在"渐变叠加"中设置颜色为#3e77d9和#82bdf9，描边颜色为白色；接着再导入素材放置在相应的位置；最后输入文字，设置描边颜色为#548df0，最终完成效果如图6-74所示。

最终完成竖版游戏界面效果，效果如图6-75所示。

图6-74　设计完成底部菜单

图6-75　最终效果

1．用户体验的定义

用户体验是用户在使用产品过程中建立起来的一种纯主观感受。但是对于一个界定明确的用户群体来讲，其用户体验的共性是能够经由良好设计的实验来认识到的，如图6-76所示。

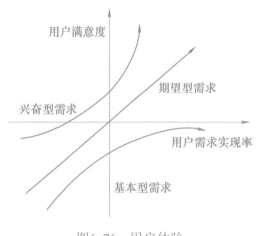

图6-76　用户体验

2．用户体验感知的主要因素

（1）有用性

1）基本型需求：基本功能是必备的功能，当这些功能做得体验不好时，用户会果断放弃这款软件。但是如果这些功能都做得非常棒，用户也不太会感到惊喜，因为用户会觉得这些功能是应该的。所以，基本型的需求是基础，在这部分要做到不犯低级错误。

2）期望型需求：用户有期待的一些功能。当这些功能不够完善的时候，用户可能就会有所抱怨了。

3）兴奋型需求：用户自己都不明确的一种需求，即使产品当中没有，用户也不会抱怨。当产品团队在这方面做得足够好时，用户会感到极佳的体验，从而给用户带来惊喜。

（2）易用性

1）容易上手：要做出容易上手的产品，就要摸清用户对各种事物的理解，这会沉淀成为经验，进而形成对用户行为的预测和控制。

2）操作简单：观察用户的操作习惯并进行分析，优化用户的操作步骤。

3）减少记忆负担：尽可能减少用户在使用产品过程中的记忆负担。

（3）满意度

1）需求是否被满足：满意度的值在很大程度上取决于用户的需求是否被满足。

2）视觉感官：虽然满意度主要取决于需求的满足，但人往往是视觉动物，看到超出想象之外的美时，便会产生大量兴奋感。

3）品牌价值：用户对品牌的认可度高。

务拓展

1. "奇思妙想"是一款老少皆宜的益智解密类游戏，游戏规则简单，请根据游戏特点设计卡通风格的页面和界面主图，设计1～2套方案，选择有代表性的方案进行展示。

2. 完成整套游戏UI设计，包含内部图标、按钮图片素材等构成元素，并根据需求设计启动图标。

项目评价

1. 侦探游戏界面制作项目评价表

侦探游戏界面制作项目评价表

界面结构（25分） 模块布局合理 信息传递清楚 重点提示突出	交互性（25分） 结构简洁 逻辑简单 指引清晰	用户体验（25分） 操作性 界面美观度 使用合理性	视觉美化（25分） 图标效果 模块效果 色彩搭配

2. 学生自我评价表

学生自我评价表

侦探游戏界面制作项目		拓展项目		学习体会
是否完成（是/否）	所用时间	是否完成（是/否）	所用时间	

备注：学习体会一项的填写需特别注意避免简单的心情描述，需要详细写明通过项目练习所学习到的新的知识及自己感觉难以理解的知识。

3. 企业专家评语

项目企业鉴定表

作品是否通过验收（是/否）	作品鉴定

鉴定公司名称：　　　　　　　　　　　　鉴定人：

实战强化

请根据图6-77所示的界面原型图，以《西游记》为背景进行游戏界面设计。

设计要求：整体界面要简洁、美观；按钮图标醒目，有突出感；界面的层级关系清晰；充分运用体现中国风的传统文化元素。

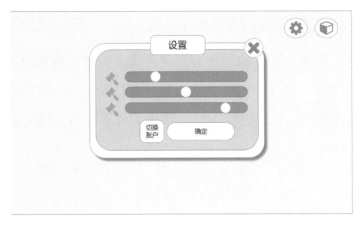

图6-77　界面原型图

　单元小结

　　本单元概括了游戏UI设计的相关知识，通过游戏元素设计和侦探游戏界面设计，介绍了游戏UI设计的操作规范和设计的流程。游戏UI设计主要是游戏操作界面设计，但有时也会接触到一些游戏特效设计、网站设计、头像设计等工作。

　　通过本单元的学习，可以了解游戏UI设计中需要掌握的设计规范及流程。在进行游戏UI设计时，应注重功能性和易用性，考虑到人机交互、色彩搭配、设计感、层次感、统一性等因素。

学习单元7

动效设计

➤ 单元概述

　　动效设计在提升产品体验、用户黏性方面的积极作用有目共睹，已然成为现在Web、APP产品交互设计和界面设计必不可少的元素。为什么要为产品设计动效呢？首先必须弄清楚这个问题，才能让我们设计的动效更符合产品实际，给产品带来实质性的提升。除了欢迎动画外，其他常见动效通常是由多个基础动效组合而成，动效必须帮助用户高效地完成当前任务，给予用户明确的指引和提示。

➤ 学习目标

1. 能够掌握常见基础动效的制作思路
2. 通过项目制作，学习动效的制作方法及作用
3. 通过学习动效设计，了解动效的应用设计和动效评判

项目1

界面背景动效设计

 项目描述

E-Design设计公司最近承接了"作业帮手"的教育类APP的设计项目。"作业帮手"是一款专注于智能学习的平台，题库量大，搜题速度快，答案精准。为了避免界面的枯燥乏味，公司希望在原有基础上为界面背景制作动态效果。经过公司讨论，项目总监将此款APP的元素制作任务分配给β小组，由小满完成该项目。

小满首先确认了项目的要求，通过收集资料了解此项目风格，接着将"作业帮手"这款APP中基本的界面效果进行了分析，如图7-1所示。

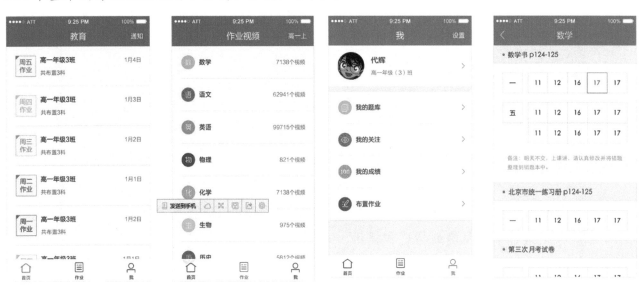

图7-1 "作业帮手"APP界面效果

任务 1 设计前期准备

任务分析

β小组设计师小满接到任务后，对此项目的动效流行趋势和动效设计两方面进行了分析。人眼在查看界面时，运动的界面元素会被优先注意到。但作为一款教育类APP，在丰富界面的同时又不干扰用户的使用是设计师需要考虑的问题。

任务实施

1. 流行趋势

动态效果在传达产品功能和拓展用户感官体验等方面有着举足轻重的作用。手机端的动态设计效果也提升了用户的感知度，提高了产品的易用性。曾经流行的Flash主页如今已经被html5和css3所取代，从而用户可以体验到更流畅的动态效果。

2. 动效设计分析

移动端自身的硬件可以支持手势、重力、光线、距离感应等操作，人机互动的形式也变得更加有趣，拓展了用户的操作维度。

动态交互是从用户触发行为到预期结果之间的合理变化过程，如图7-2所示。

动效应该是有意义的、合理的，动效的目的是为了吸引用户的注意力，以及维持整个系统的连续性体验。动效反馈需细腻、清爽。转场动效需高效、明晰。

图7-2 动态交互

（1）加强体验舒适度

● 表现层级关系：用户知道这个界面和上一个、下一个界面的关系。

● 与用户手势结合，更自然的动画表现：界面的动态走向更符合手指的运动，让用户感觉到是自己控制了界面的动向，而不是机械化的跳转。

● 愉快的提示功能：提醒的时候能吸引用户的注意，但是又不会生硬，符合预期的出现。

● 额外增加界面的活力：用户预期之外增加的惊喜，让用户感知到产品的生命力。

● 吸引用户持久的注意力：在一些数据量较大的界面中添加一些动效，让用户保持注意力。

（2）减少不可避免的不适感 设计师都在努力把产品打造得更加优秀和完美，但是总有一些无法避免的问题出现，造成用户对产品的体验感下降。适当地增加一些动效，可以弥补这种情况。

（3）不易被察觉的动效 由于不容易被发现，普通用户通常会忽略它们的存在，但很多时候这些小细节让交互变得更加有趣。

总的来说，动效是为用户体验服务的，动效设计师尤其要注意交互逻辑，才能让作品看起来不止效果好，而且真正发挥了实际作用。

必备知识

1. 动效使用情境

（1）转场 页面层级切换或跳转、Tab切换、加载或刷新。

（2）引导或反馈 操作引导、控件、Hover、Toast、弹窗进出。

（3）感官刺激 关键内容的呈现和情感化取悦用户。

2. 基本动效作用

（1）指向性动效 指向性动效能够有效地描述物体之间的逻辑关系。同时通过视觉效果，可视化地描述物体当前运动状态。

指向性动效能够让用户清晰地感受到物体与物体的位置关系，以及信息的层级架构。指向性动效包括滑动、滚动、平移、弹出、最小化、切换、展开堆叠等，如图7-3所示。

（2）空间扩展 移动产品设计的空间是有限的，内容需求却是无限的。空间扩展就是从不同维度来寻求解决方法，包括收纳、层级化分割和视觉感受扩张等。类比到移动产品的体验上，最基础的也是如何让有限的屏幕承载更多的功能，让用户感受到空间的扩展。

图7-3　指向性动效

空间扩展包括折叠展开、翻动、弹出预览、放大页面和折页等形式，如图7-4所示。

图7-4　空间扩展

（3）突出显示　通过动画吸引用户的注意力，使用户清楚界面上可能被忽略的变化，其目的是通过动画引导用户注意特定的对象。突出显示主要采用缩放、着色、发光突显、模糊等方式，如图7-5所示。

图7-5　突出显示

（4）反馈　反馈动效可以有效地告知用户"操作是否成功"。反馈的表现形式或以明显的弹性效果为主，或是基于进度条的动效。反馈主要采用运动、形变、模糊、变色等方式，如图7-6所示。

图7-6　反馈

（5）前馈　控制部分发出指令，使受控部分进行某种活动，同时又通过另一快捷途径向受控部分发出前馈信号，受控部分在接受控制部分的指令进行活动时，又及时地受到前馈信号的调控，因此活动可以更加准确，如图7-7所示。

图7-7　前馈

3．动效制作的原则

（1）个性化　这是动效设计最重要的原则之一，任何动效或动画都应该追求个性化，通过个性化设计展示界面作品的独特性。

（2）动效的功能性　动效设计的目的是帮助用户理解界面信息，达成更佳的操作体验。

（3）关联性　好的动效设计，可以让用户清晰地感受到内容之间的脉络关系，了解到各个元素的物理状态，与此同时还能够知晓元素当前所处的环境。

（4）情感性　动效应该能唤起用户积极的情绪。流畅、合理的动效能够让用户感受到一切都是那么的自然。

（5）适当性　太多的动效会让用户眼花缭乱，同时感到分心，可以在需要凝聚用户注意力的地方提供动效。

任务拓展

1．根据项目描述中对"作业帮手"这款教育类APP的介绍，结合原有界面结构，设计两款增加界面活力的动效。

2．收集两款自己比较喜欢的APP动效，分析其动态效果的合理性。

3．收集两款自己比较喜欢的APP动效，分析其动态效果的动画原理。

任务 2 界面背景动效制作

任务分析

设计师小满根据动效分析的因素，开始进行动态背景效果制作。为了保证背景动态效果不干扰用户的使用，设计师小满决定将动态效果放在界面的顶端，并且以流动的波浪形效果使用户舒缓放松的感觉。

任务实施

1．常规参数设置

图7-8　新建素材文档

1 新建素材文档。启动Photoshop软件，打开"新建"对话框，设置宽度为4000像素，高度为800像素，分辨率为72像素/英寸，颜色模式为RGB颜色，如图7-8所示。

2 设置参考线。首先在菜单栏中的"视图"中找到"标尺"，组合键为<Ctrl+R>，接着继续在菜单栏中的"视图"中找到"新建参考线"，分别设置取向为垂直，位置为800像素，如图7-9所示。

3 绘制图形。首先使用"钢笔工具"沿参考线绘制一个长方形；接着在长方形的中心位置建立参考线，并使用"添加锚点工具"在长方形的底边中心位置添加一个锚点；最后使用"转换点工具"调整图形形状，填充形状颜色为浅青，如图7-10所示。

图7-9　设置参考线

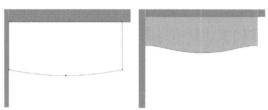

图7-10　绘制图形

4 制作波纹图形。首先将图形的图层复制一个，对新复制的图层，在菜单栏中的"编辑"中找到"自由变换路径"，组合键为<Ctrl+T>，并将其移动至800像素的参考线处，与前一个图形对齐，按<Enter>键；接着重复执行"重复上一次操作"，组合键为<Shift+Ctrl+Alt+T>，得到连续的波纹图形，如图7-11所示。

5 新建动效文档。打开"新建"对话框，设置宽度为800像素，高度为600像素，分辨率为72像素/英寸，颜色模式为RGB颜色，如图7-12所示。

图7-11　制作波纹图形

6 导入并调整绘制素材。将素材文档中的波纹图形拖拽至动效文档中，使用"自由变换路径"命令调整图形大小及位置，如图7-13所示。

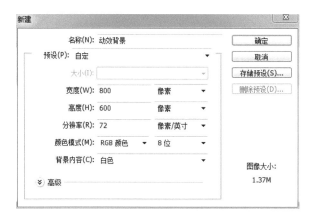

图7-12　新建动效文档

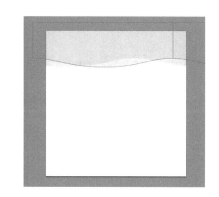

图7-13　导入并调整绘制素材

7 新建时间轴。首先在菜单栏中的"窗口"中单击"时间轴"；接着在弹出的"时间轴"面板中单击"创建视频时间轴"，如图7-14所示。

8 动画制作。首先右击"图层面板"，将波浪图形"栅格化图层"后，再复制一个图层；接着分别将两个图形的不透明度调整为50%；最后在时间轴面板中选中图形，并分别右击，调整其动感效果为"平移和缩放"，取消"调整大小以填充画布"的勾选，如图7-15所示。

图7-14　新建时间轴

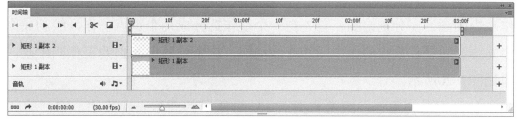

图7-15　动画制作

9 调整动画。分别调整两个图层的移动方向，使其一个自左向右移动，一个自右向左移动，一个速度快，一个速度慢，较慢的可以适当调整其大小变化，如图7-16所示。

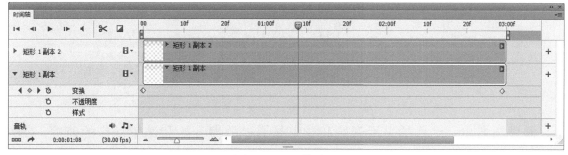

图7-16　调整动画

10 完成效果。最终根据动画效果调整其移动速度，最终完成效果如图7-17所示。

图7-17 完成效果

必 备知识

　　无论是在一系列草图间快速切换，还是在屏幕与屏幕之间切换，想要在这些场景切换中加入动效进行完美过渡，并不是一件容易的事情。这需要用眼睛仔细观察人和物体在时间和空间中的运动和变化。

　　（1）挤压和拉伸　当物体受到外力作用时，必然产生形体上的压缩和伸展。动画中运用压扁和拉长的手法，夸大这种形体改变的程度，以加强动作的张力和弹性，从而表达受力对象的质感、重量，以及角色情绪上的变化，如图7-18所示。

　　（2）预期动作　动作一般分为预期动作和主要动作。预期动作是动作准备阶段的动作，它能将主要动作变得更加有力。在动画角色做出预备动作时，观众能够以此推测出其随后将要发生的行为，如图7-19所示。

图7-18 挤压和拉伸　　　图7-19 预期动作

　　（3）夸张　夸张是动画的特质，也是动画表现的精髓。夸张不是无限制的夸张，要适度，要符合运动的基本规律。

　　（4）重点动作和连续动作　动画的绘制，有其独特的步骤，重点动作（原画）和连续动作（中间画）需分别绘制。首先把一个动作拆分成几个重点动作，绘制成原画。原画间需插入中间画，即补齐重点动作中间的连续动作，这个补齐中间画的工作叫中割。重点动作和连续动作如图7-20所示。

　　（5）跟随与重迭　跟随和重迭是一种重要的动画表现技法，它使动画角色的各个动作彼此间产生影响。移动中的物体或各个部分不会一直同步移动，有些部分先行移动，有些部分随后跟进，并和先行移动的部分重迭。跟随和重迭往往与压缩和伸展结合在一起运用，能够生动地表现动画角色的情趣和真实感。跟随和重迭如图7-21所示。

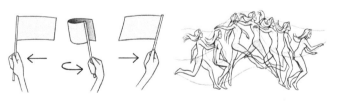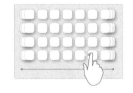

图7-20 重点动作和连续动作　　　　　图7-21 跟随和重迭

　　（6）慢进与慢出　动作的平滑开始和结束是通过放慢开始和结束动作的速度，加快中间动作的速度来实现的。现实世界中的物体运动，从开始到结束，其速度的变化多为一个抛物线。慢进与慢出如图7-22所示。

（7）圆弧动作　动画中物体的运动轨迹，往往表现为圆滑的曲线形式。因此在绘制中间画时，要以圆滑的曲线设定连接主要画面的动作，避免以锐角的曲线设定动作，否则会出现生硬、不自然的感觉。不同的运动轨迹，表达不同的角色特征。例如，机械类物体的运动轨迹，往往以直线的形式进行，而生物体的运动轨迹，则呈现圆滑曲线的运动形式。圆弧运动如图7-23所示。

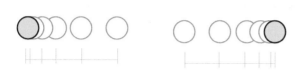

图7-22　慢进与慢出

图7-23　圆弧动作

任务拓展

1．收集一款自己比较喜欢的APP动效，临摹其动态效果。

2．根据项目描述中对"作业帮手"这款教育类APP的介绍，结合任务1中设计的动效实现其效果。

项目评价

1．界面背景动效设计项目评价表

界面背景动效设计项目评价表

动效设计（30分） 动效目标实现 动效的意义 动效的合理性	动效作用（30分） 美化界面 动效形式 播放效果	动效完整度（20分） 图形的连续度 动效的播放速度	文件规范（20分） 文件命名 文件尺寸

2．学生自我评价表

学生自我评价表

界面背景动效设计项目		拓展项目		学习体会
是否完成（是/否）	所用时间	是否完成（是/否）	所用时间	

备注：学习体会一项的填写需特别注意避免简单的心情描述，需要详细写明通过项目练习所学习到的新的知识及自己感觉难以理解的知识。

3．企业专家评语

项目企业鉴定表

作品是否通过验收（是/否）	作品鉴定

鉴定公司名称：　　　　　　　　　　　　　　　　鉴定人：

项目2
Banner动效设计

 项目描述

E-Design设计公司近期承接了"法国Bonnet红酒展销"主题网页的设计项目。

伯涅酒庄（Chateau Bonnet）是法国波尔多产区的酒庄，历史悠久。酒庄出产种类多样的葡萄酒，有红葡萄酒、白葡萄酒和桃红葡萄酒，且多以多种葡萄混酿的形式酿成，品质非常不错。在这里酿造出的伯涅酒庄干白葡萄酒曾多次在葡萄酒竞赛中获奖。

网页设计项目中，最重要的一个模块就是Banner动效设计。经过公司讨论，项目总监将红酒Banner动效设计任务分配给α组小雨负责。

小雨首先明确了此次任务的目的，宣传、推广本次展销会，并且展示部分商品。经过收集资料和小组讨论，将需要做的工作分成两个阶段的任务。

第一个阶段：设计前期准备。利用平面设计知识，将文案、商品/模特、背景、点缀物等融合在一个Banner里面。

第二个阶段：Banner动效制作。动效的设计，能够吸引视线，使得网页页面更加生动，更具有交互性。

任务 1 设计前期准备

任务分析

α小组设计师小雨接到任务后，明确了完成任务的流程，了解Banner的定位与针对人群的特征，最后经过项目例会讨论，确定Banner的设计方案。以葡萄庄园、城堡素材作为背景，前景点缀葡萄等素材，主体物是红酒产品素材，整体布局优雅大气。

任务实施

1. 常规参数设置

新建文档。启动Photoshop软件，打开"新建"对话框，设置宽度为800像素，高度为350像素，分辨率为72像素/英寸，颜色模式为RGB颜色，如图7-24所示。

2. 背景及装饰

❶ 打开素材文件夹的"7-25背景.jpg"，拖放至合适位置，调整大小，并修改图层名称为"背景"，如图7-25所示。

图7-24　新建文档

图7-25　插入背景

2 打开素材文件夹的"7-26城堡.jpg"，选择"快速选择工具"进行抠图，将主体建筑物城堡抠出来。然后拖放至背景图层上方，调整至合适的位置、大小，并修改图层名称为"城堡"。然后，为了使画面颜色统一和谐，对画面进行简单调色；最后双击图层，打开"图层混合样式"，为图层添加一点投影。画面看起来更加统一，立体，如图7-26所示。

3 打开素材文件夹的"7-2篮子.jpg"和"7-2葡萄.jpg"，选择合适的工具进行抠图，然后拖放至城堡图层上方，调整至合适位置、大小，并修改图层名称分别为"篮子"和"葡萄"，如图7-27所示。

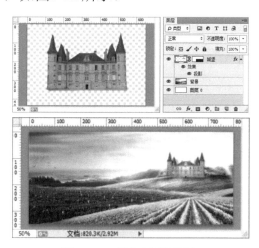

图7-26　插入城堡素材

图7-27　插入两个素材之后的效果

4 打开素材文件夹的"7-28红酒.jpg"，选择合适的工具进行抠图，然后将4瓶红酒分4个图层拖放至葡萄图层上方，调整至合适位置、大小，并修改图层名称分别为"hongjiu 1""hongjiu 2""hongjiu 3""hongjiu 4"，如图7-28所示。保存为PSD文件。至此，Banner设计的静态效果完成。

必 备知识

1．Banner设计常识

（1）Banner的色彩　主体物与背景及其他元素之间应具有足够的对比度，有助于引起用户的关注。

图7-28　插入红酒素材之后的效果

Banner的整体色彩可以选择品牌本身的代表色，或者是比较情绪化的色彩，让受众更有代入感。

（2）Banner中的平面设计知识　Banner设计不要拘泥于某个特定的布局，可以充分结合平面设计中的平面构成知识进行设计。例如，点线面的构成、重复构成、近似构成、渐变构成、发射构成、特异构成、对比构成等。

如图7-29所示，关于鞋子的Banner设计，就运用了发射构成、重复构成、对比构成、对称构成等平面设计知识。

图7-29　鞋子的Banner设计

2．设计尺寸

一般来说，Banner的设计尺寸是由网页本身的设计规格和广告图片的规格决定的，可以说它的设计规格是没有固定要求的。但即便如此，也有比较常用的设计尺寸供大家参考。

（1）从网站页面的广告位置来看网站Banner设计尺寸（见表7-1）

表7-1　Banner在网页中的位置及尺寸

Banner在网页中的位置	尺寸/px
首页右上	120×60
首页、内页顶部通栏	468×60
首页、内页顶部通栏，内页底部通栏	760×60
首页中部通栏	580×60
内页左上	150×60或300×300
左、右漂浮	80×80或100×100
下载地址页面	560×60或468×60

（2）从网站的页面大小来看网站Banner设计尺寸

1）分辨率800×600下，网页宽度保持在778px以内，就不会出现水平滚动条，高度则视版面和内容决定，但高度不要超过426px。

2）分辨率1024×768下，网页宽度保持在1002px以内，就不会出现水平滚动条，高度则视版面和内容决定，但高度不要超过600px。

3．组成要素

Banner组成要素包含4个方面：文案、商品/模特、背景、点缀物，如图7-30所示。

图7-30　Banner组成要素

任务拓展

公司近期承接"粤美食"主题商业网页设计项目，主要是宣传粤菜，介绍原创菜谱以及各种美食点心。其中网页Banner设计应体现粤菜的特点，即"重品质，味清淡"。

1．请根据项目需求，收集同类型网页的Banner并进行分析。

2．使用不同的平面构图方法，设计几款不同的"粤美食"Banner。

任务 ② Banner动效制作

任务分析

设计师小雨根据前期做好的Banner文件，再次使用Photoshop软件进行动效的制作。本任务需要用到"动画面板"，保存需选择"存储为Web和设备所用的格式"命令，保存格式为gif格式。

任务实施

1．图层准备

1 打开任务1中制作完成的"任务1：Banner制作.psd"文档，新建工作组"组1"，复制"hongjiu1"图层6个，得到"hongjiu1拷贝"～"hongjiu1拷贝6"图层，然后调整每个图层的位置，让它们每个偏移一点位置，最后调整图层透明度，从左至右透明度依次为"100%""85%""70%""55%""30%""10%"，如图7-31所示。

2 按照同样的方法，新建"组2""组3""组4"，分别将"hongjiu2""hongjiu3""hongjiu4"各复制6个图层，并调整图层透明度，如图7-32所示。

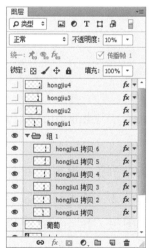

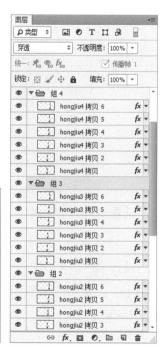

图7-31 拷贝图层后效果　　　　　　　　　　　　图7-32 调整图层透明度

2．第1个物品动效制作

1 打开"窗口"菜单中的"时间轴面板"。隐藏"组2""组3""组4"，开始对"组1"进行动效制作。创建时间轴，设置时间为0.1秒，在"图层面板"的"组1"中，将所有图层全部隐藏，如图7-33所示。

2 单击时间轴上的"复制帧"按钮，得到第2帧。设置时间为0.1秒，在"图层面板"的"组1"中，显示"hongjiu1拷贝6"图层，其他全部隐藏，如图7-34所示。

图7-33 第1帧效果　　　　　　　　　　图7-34 第2帧效果

3 单击时间轴上的复制帧按钮，得到第3帧。设置第3帧时间为0.1秒，显示图层为"hongjiu 1拷贝5"，其他拷贝图层隐藏。如图7-35所示。

4 继续单击时间轴上的复制帧按钮，得到第4、5、6、7帧。设置时间都为0.1秒，第4帧显示图层"hongjiu1拷贝4"，第5帧显示图层"hongjiu1拷贝3"，第6帧显示图层"hongjiu1拷贝2"，第7帧显示图层"hongjiu1拷贝1"。至此，可以播放看一下效果，已经完成红酒从无到出现的一个过程，如图7-36所示。

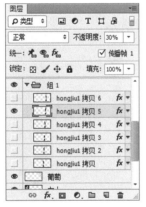

图7-35 第3帧效果　　　　　　　　　　图7-36 时间轴效果

5 单击时间轴上的复制帧按钮，得到第8帧。设置时间为0.5秒，显示图层"hongjiu1拷贝1"。这个帧的效果，是为了让红酒在画面中暂停一段时间。

6 继续单击时间轴上的复制帧按钮，得到第9、10、11、12、13、14、15帧。设置时间都为0.1秒，第9帧显示图层"hongjiu1拷贝1"，第10帧显示图层"hongjiu1拷贝2"，第11帧显示图层"hongjiu1拷贝3"，第12帧显示图层"hongjiu1拷贝4"，第13帧显示图层"hongjiu1拷贝5"，第14帧显示图层"hongjiu1拷贝6"，第15帧隐藏所有拷贝图层。这一段，是制作红酒从有到消失的过程。整个红酒从无到有，再到消失，用了15帧，如图7-37所示。

图7-37 复制帧效果

3．其他动效制作

接下来，用同样的方法，制作"组2"中的红酒2，从无到有，再到消失的过程，是第16帧～30帧。用同样的方法，在第31～45帧，制作"组3"效果；在第46～60帧，制作"组4"效果，时间轴效果如图7-38所示。

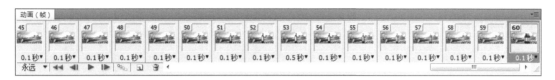

图7-38　时间轴效果

4．保存

打开菜单"文件"下的"存储为Web和设备所用格式"窗口。选择"优化"标签，设置格式为"GIF"，设置随样性，仿色为100%，动画的循环选项为"永远"，单击"存储"按钮。至此，Banner动效制作完成，如图7-39所示。

图7-39　存储设置参数

必备知识

1．动效设计的注意事项

具有动效的Banner往往会比静态的Banner更有效地吸引用户的注意力。在设计Banner的动效时，首先要注意度，不能过多、过于复杂，否则会起到反效果，让用户反感；其次，尽量使背景颜色或背景图不要变动，仅改变Banner上的主体物或者文字。

2．主体物数量

在Banner动效中，背景不变，主体物改变。主体物一般是商品或模特，注意数量不要太多，一般3～5个是合适的。

1．收集各类动效Banner设计案例，并进行分类整理。

2．使用Photoshop软件制作几个Banner动效。

项目评价

1．Banner动效制作项目评价表

Banner动效制作项目评价表

静态Banner（50分） 元素完整 配色适当 构图合理	动效（25分） 动作连贯 动作数量合适	制作规范（25分） 文档规范 保存格式

2．学生自我评价表

学生自我评价表

Banner动效制作项目		拓展项目		学习体会
是否完成（是/否）	所用时间	是否完成（是/否）	所用时间	

备注：学习体会一项的填写需特别注意避免简单的心情描述，需要详细写明通过项目练习所学习到的新的知识及自己感觉难以理解的知识。

3．企业专家评语

项目企业鉴定表

作品是否通过验收（是/否）	作品鉴定

鉴定公司名称：　　　　　　　　　　　鉴定人：

项目3

H5页面动效设计

项目描述

　　E-Design设计公司近期承接某购物网站的"双11网购狂欢节"H5页面动效设计项目。"双11网购狂欢节"的H5页面动效属于商业促销类动效设计。项目总监将该动效设计任务分配给α组由小雨负责，由助理设计师小露协助。小雨将工作分为两个任务阶段：设计前期准备，H5页面动效制作。

任务 1 设计前期准备

任务分析

α小组设计师小雨接到任务后，明确任务目标，收集同类型H5页面动效，之后根据本项目的需求设计静态H5页面，最后进行修改以及细节调整。本项目的页面为手机横屏显示的效果。

任务实施

1. 常规参数设置

新建文档。启动Photoshop软件，打开"新建"对话框，设置宽度为960像素，高度为640像素，分辨率为72像素，颜色模式为RGB颜色，如图7-40所示。

2. 静态效果制作

1 打开素材文件夹中的"7-41背景.png"文件，拖放文件至合适位置，调整大小，得到比较合适的背景效果。修改图层名称为"背景"，如图7-41所示。

图7-40 新建文件参数设置

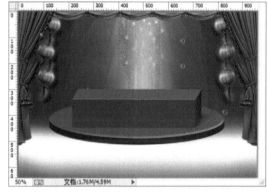

图7-41 添加并完成背景图层

2 打开素材文件夹的"网购狂欢节.png"文件，拖放文件至合适位置，调整大小，修改图层名称为"网购狂欢节"，如图7-42所示。

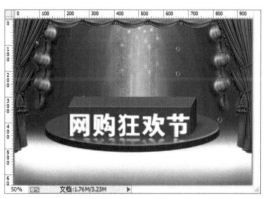

图7-42 添加文字素材后效果

3 打开素材文件夹的"双.png"文件和"11.png"文件，拖放文件至合适位置，调整大小，如图7-43所示。

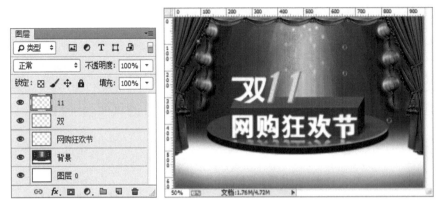

图7-43　添加文字素材后效果

4 使用文字工具，分别输入文字"70% OFF""全国包邮"，栅格化文字图层，按照效果图，删掉"70%"的底部区域，将"OFF"做成上标效果，同时将"包邮"二字的颜色调整为黄色，如图7-44所示。

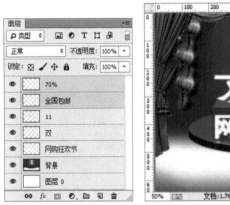

图7-44　添加文字后效果

5 新建图层，命名为"文字阴影"，并拖放至文字图层下方。选择"画笔工具"，设置前景色为红色（#b72121），画笔笔尖大小为10像素，为所有的文字画出阴影，如图7-45所示。

图7-45　给文字添加阴影后效果

6 新建图层，命名为"星光"。选择"画笔工具"，设置笔尖形状为星光，设置前景色为白色（#ffffff），为画面添加一些星光。保存为PSD文件。至此，静态效果制作完成，如图7-46所示。

图7-46　添加星光后效果

必 备知识

H5页面设计尺寸

H5页面设计尺寸为740×1136px，能够填充不同手机屏幕边缘的区域，确保不会露白；内框区域640×960px，这个区域里的内容可以确保在所有手机屏幕上完整显示。

任 务拓展

打开手机，从个人手机中挑选出不同的H5页面，观察它们的特点并进行分析。

任务 2 H5页面动效制作

任 务分析

助理设计师小露根据前期制作好的静态H5页面，使用Photoshop软件来逐步完成该项目动效的制作。需要使用到"动画面板"，同时使用不同分组，合理管理图层，提高制作效率。

任 务实施

1. 第一个动作效果制作

1 打开任务1中制作完成的"任务1：H5页面.psd"文档。然后打开菜单"窗口"中的时间轴，单击"创建新的视频时间轴"。将光标定位在0.5秒的位置，并拖动时间轴上的"网购狂欢节"，将它的起始位置定位在0.5秒，如图7-47所示。

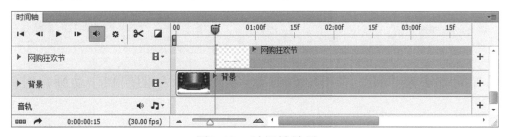

图7-47　时间轴效果

2 将光标定位在1.5秒的位置，选中时间轴上的"网购狂欢节"，然后单击左边的"在播放头处拆分"（剪刀形状按钮），将该图层剪成2个部分，且第二部分在新的图层"网购狂欢

节 拷贝"上，如图7-48所示。

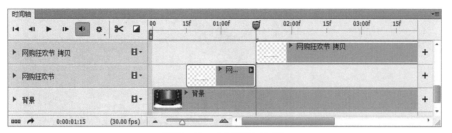

图7-48　时间轴效果

3 选中时间轴上的"网购狂欢节"，将光标移动到初始位置。然后右击打开"动感"设置对话框。选择动感类型为"缩放"，放大，取消勾选"调整大小以填充画布"。这个时候图层面板上的图层会自动转换为智能对象。选中"网购狂欢节"文字，单击"自由变换工具"，调整宽度和高度均为0.1%。播放效果，可以看到文字慢慢放大直到最终。相关设置如图7-49所示。

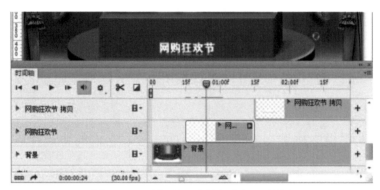

图7-49　时间轴及播放时文字效果

2．其他动作效果制作

1 将光标定位在1.5秒的位置，然后选中"双"图层，将其初始位置移动到1.5秒。然后再将光标移动到2秒位置，单击"在播放头处拆分"（剪刀形状按钮），将该图层剪成2个部分，且第二部分在新的图层"双 拷贝"上。然后设置其动作。选中"双"图层，光标定位初始位置（这里是1.5秒），右击打开"动感"，设置"平移"，垂直90，取消勾选"调整大小以填充画布"。然后选中"图层面板"中的"双"图层，使用"移动工具"将其垂直向上移动到画布外，相关设置及时间轴效果如图7-50所示。

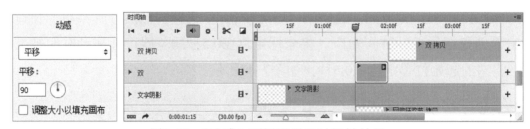

图7-50　"动感"面板设置及时间轴效果

2 用同样的方法为"11""70% OFF""全国包邮"图层制作动画，时间轴效果如图7-51所示。

3 同时选中"11"和"11 拷贝"，并将其向后移动0.25秒；"70%"和"70% 拷贝"向后移动0.5秒；最后将"全国包邮"和"全国包邮 拷贝"向后移动0.75秒，时间轴效果如图7-52所示。

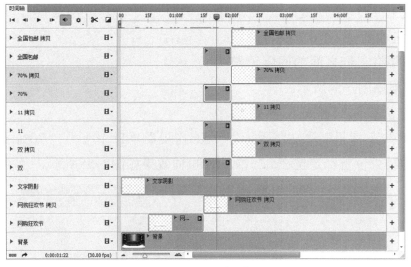

图7-51　时间轴效果1

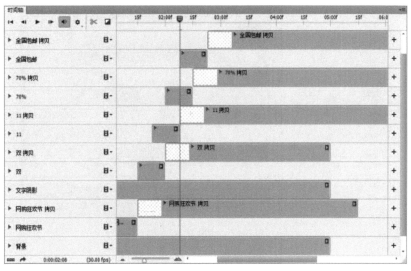

图7-52　时间轴效果2

4 将光标定位在"全国包邮 拷贝"的初始位置（2.75秒处），然后选中"文字阴影"，将它的初始位置移动到光标处。呈现的效果是：文字逐个出现，最后阴影显示。时间轴效果如图7-53所示。

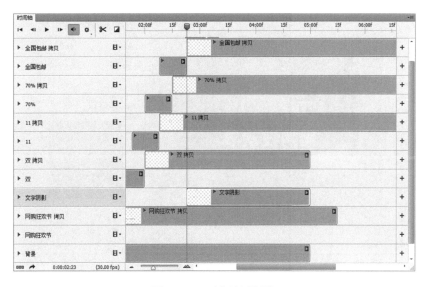

图7-53　时间轴效果3

5 将光标定位在3.25秒处，然后选中"星光"，并将它裁剪成3个0.5秒的片段，将会有3个图层，并将它们之间的间隔调整为0.25秒，时间轴效果如图7-54所示。

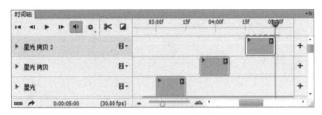

图7-54 时间轴效果4

6 将光标定位在5.25秒处，然后选中"背景""网购狂欢节 拷贝""文字阴影""双 拷贝""11 拷贝""70% 拷贝""全国包邮拷贝"，将他们的结束位置都定位在5.25秒，时间轴效果如图7-55所示。

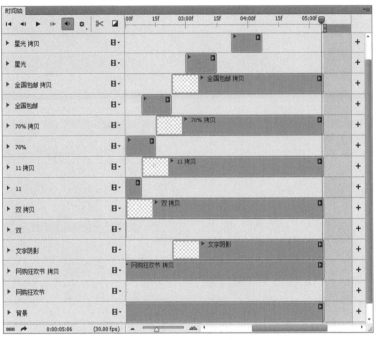

图7-55 时间轴效果

3．保存

选择菜单"文件"下的"存储为Web所用格式"命令。选择优化窗口，设置格式为"GIF"，仿色100%，动画的循环选项为"永远"，单击"存储"按钮。至此，H5页面动效制作完成，存储设置参数如图7-56所示。

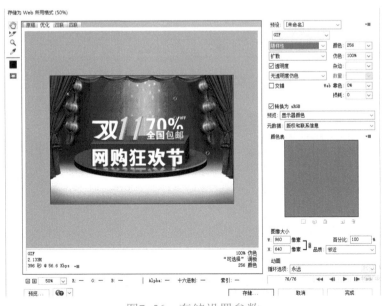

图7-56 存储设置参数

必 备知识

H5页面动效制作常用工具

除了我们所熟悉的Photoshop软件，还有几款比较常用的H5页面动效制作工具，分别为搜狐快海报、微信初页、Maka、百度H5平台、兔展、易企秀、人人秀等，其中有很多都是可以免费使用的，可供大家学习参考。

任 务拓展

搜集节日类H5页面动效，设计并使用Photoshop软件制作最终动效。

 项目评价

1. H5页面动效设计项目评价表

H5页面动效设计项目评价表

静态H5页面（50分） 元素完整 配色适当 构图合理	动效（25分） 动作连贯 动作数量合适	制作规范（25分） 文档规范 保存格式

2. 学生自我评价表

学生自我评价表

H5页面动效设计项目		拓展项目		学习体会
是否完成（是/否）	所用时间	是否完成（是/否）	所用时间	

备注：学习体会一项的填写需特别注意避免简单的心情描述，需要详细写明通过项目练习所学习到的新的知识及自己感觉难以理解的知识。

3. 企业专家评语

项目企业鉴定表

作品是否通过验收（是/否）	作品鉴定

鉴定公司名称：　　　　　　　　　　　　　　　　鉴定人：

实战强化

"汽车之家"是一款集看车、买车、用车于一体的汽车类APP，主要包括"最新车讯""火热论坛""底价购车""用车保养"4个模块，APP的界面效果如图7-57所示。

图7-57 汽车之家APP

1. 收集两款以上相同类型的APP，进行动态效果分析，形成500字以上的动效分析报告。
2. 根据项目描述，完成"汽车之家"APP中的控件动效、加载动画及翻页动画。

 单元小结

本单元为大家概括了UI动效设计的相关知识，通过背景动效、Banner动效和H5页面动效项目，让大家熟悉动效设计的制作思路，体会动效设计的流程。越来越多的APP中采用动效。精心设计的动画效果可以让用户体验感得到提升。

参 考 文 献

[1] 创锐设计．Photoshop CC移动UI设计实战一本通[M]．北京：机械工业出版社，2019．

[2] 张小玲．UI界面设计[M]．2版．北京：电子工业出版社，2017．

[3] 李晓斌．UI设计必修课：交互+架构+视觉UE设计教程[M]．北京：电子工业出版社，2017．

[4] crazycool．IOS & Android设计规范[EB/OL]．（2016-02-16）[2021-03-21] http://www.ui.cn/detail/91233.html.